中国农业展望报告

（2018—2027）

农业农村部市场预警专家委员会

中国农业科学技术出版社

图书在版编目（CIP）数据

中国农业展望报告.2018-2027 / 农业农村部市场预警专家委员会著 . —北京：中国农业科学技术出版社，2018.4

ISBN 978-7-5116-3570-9

Ⅰ.①中… Ⅱ.①农… Ⅲ.①农业发展—经济发展趋势—研究报告—中国—2018-2027 Ⅳ.① F323

中国版本图书馆 CIP 数据核字（2018）第 059393 号

责任编辑　张志花
责任校对　马广洋

出　版　者　中国农业科学技术出版社
　　　　　　北京市中关村南大街 12 号　邮编：100081
电　　　话　（010）82106636（编辑室）（010）82109702（发行部）
　　　　　　（010）82109709（读者服务部）
传　　　真　（010）82106631
网　　　址　http：//www.castp.cn
经　销　者　各地新华书店
印　刷　者　北京地大天成印务有限公司
开　　　本　889 毫米 ×1194 毫米　1/16
印　　　张　14
字　　　数　280 千字
版　　　次　2018 年 4 月第 1 版　2018 年 4 月第 1 次印刷
定　　　价　760.00 元

农业农村部市场预警专家委员会

（按姓氏笔画排序）

于　冷　　上海交通大学安泰经济与管理学院教授

王忠海　　农业农村部农村经济研究中心副主任，研究员

朱信凯　　中国人民大学长江学者特聘教授

许世卫　　中国农业科学院农业信息研究所研究员（秘书长）

刘桂才　　农业农村部信息中心总工程师、研究员

李国祥　　中国社会科学院农村发展研究所研究员

杨　军　　对外经济贸易大学经济管理学院教授

武拉平　　中国农业大学经济管理学院教授

秦　富　　中国农业科学院农业经济与发展研究所教授

张晓婉　　农业农村部农业贸易促进中心副主任、研究员

黄汉权　　国家发展改革委宏观经济研究院产业经济研究所所长、研究员

董春平　　中储粮总公司山东分公司总经理

前　言

2018年是深入贯彻党的十九大精神、实施乡村振兴战略的开局之年，是以农村改革为发端的改革开放40周年，是决胜全面建成小康社会、实施"十三五"规划承上启下的关键一年。4月20—21日召开2018年（第五届）中国农业展望大会，发布未来10年中国农业展望报告，是深入学习贯彻习近平新时代中国特色社会主义思想和党中央、国务院有关决策部署的重要举措，对以信息化市场化促进乡村振兴战略实施、加快推进农业农村现代化具有重要意义。作为中国特色农业监测预警体系建设的重要成果，中国农业展望大会已在增强农产品市场调控的科学性、提升各类市场主体应对市场变化的主动权和持续扩大国际市场的影响力等方面发挥了重要作用。

2018年中国农业展望大会由农业农村部市场预警专家委员会支持，中国农业科学院农业信息研究所主办，农业农村部信息中心、农业农村部农村经济研究中心、农业农村部农业贸易促进中心协办。会上发布的《中国农业展望报告（2018—2027）》，是农业农村部中国农业展望专家组在前4年展望工作的基础上，根据近期国内外农业市场、政策、气候等方面的新变化，综合分析中国宏观经济、农业政策、气候条件、科技创新、资源禀赋及国际市场等因素，采用中国农业科学院农业信息研究所农业监测预警创新团队研制的中国农产品监测预警系统（China Agricultural Monitoring and Early-warning System，CAMES），对未来10年中国农产品市场供需形势做出的基线预测。基期数据主要来自于中国统计部门公开发布的统计数据和农业农村部门的农产品市场监测数据，也包括相关研究机构多年积累的实地调研数据。农业农村部市场预警专家委员会专家对展望报告的主要结论进行了深入细致研讨，国家现代农业产业技术体系专家在数据提供、结论研讨等方面也给予了重要支持。在《中国农业展望报告（2018—2027）》征求意见过程中，特别感谢农业农村部市场与经济信息司等有关司局提出了宝贵意见，为展望报告修改完善作出了重要贡献。

《中国农业展望报告（2018—2027）》共12章，涵盖粮、棉、油、糖、蔬菜、水果、肉、蛋、奶、水产品等18种重要农产品。其中，第一章概述部分由市场分析师李干琼撰写；第二章谷物部分分别由稻米分析师彭超，小麦分析师孟丽、曹慧、

1

孙昊，玉米分析师徐伟平、习银生、吴天龙撰写；第三章油料部分分别由大豆分析师殷瑞锋、张振、张璟、王禹，油料油脂分析师张雯丽、李淞淋、许国栋撰写；第四章棉花部分由棉花分析师原瑞玲、李想、翟雪玲撰写；第五章糖料部分由糖料分析师马凯、朱亚伟、徐雪、马光霞撰写；第六章蔬菜部分由蔬菜分析师张晶、孔繁涛撰写，马铃薯部分由周向阳、吴建寨撰写；第七章水果部分由水果分析师赵俊晔、武婕撰写；第八章肉类部分分别由猪肉分析师朱增勇、李梦希、张学彪，禽肉分析师张莉、朱海波，牛羊肉分析师朱聪、曲春红、司智陟撰写；第九章禽蛋部分由禽蛋分析师张超、于海鹏撰写；第十章奶制品部分由奶制品分析师王东杰、董晓霞撰写；第十一章水产品部分由水产品分析师沈辰、刘景景、张静宜撰写；第十二章饲料部分由饲料分析师陶莎、张峭、张晶撰写。

中国农业科学院农业信息研究所孙坦所长带领全所员工，为2018年农业展望活动高质量开展和顺利完成展望报告提供了有力保障。首席科学家许世卫研究员领衔的中国农业监测预警创新团队，为《中国农业展望报告（2018—2027）》提供了基本数据系统支撑和CAMES模型模拟预测技术支撑。李干琼、王东杰、庄家煜、刘佳佳、张永恩、王盛威、张超、喻闻、周涵、邸佳颖、于海鹏、王禹、李娴、李建政、陈威、李灯华、李燕妮、高利伟、僧珊珊、吴晨等团队成员在数据整理与分析、模型完善与运算、报告全文统稿与修改、会商研讨组织、中英文翻译等方面做了大量具体而细致的工作，潘月红、刘宏、吴培、任育锋、张智广为展望报告编辑校对作出了贡献。报告形成过程中，沈贵银、张峭、李志强等专家对报告初稿进行了审阅。中国农业科学技术出版社在排版印刷方面付出了努力。

中国连年发布未来10年中国农业展望报告，标志着中国农业监测预警研究能力不断迈上新台阶。但需要说明的是，由于农业展望受到国内外诸多不确定性因素的影响，展望报告难免会出现一些疏漏或不足，恳请国内外同行多提宝贵意见，我们将在今后的工作中努力改进。

报告编写组

二〇一八年四月十五日

摘　　要

　　《中国农业展望报告（2018—2027）》以中国粮食、棉花、油料、糖料、蔬菜、水果、肉类、禽蛋、奶制品、水产品、饲料等产品为对象，对 2017 年市场形势进行了回顾，基于未来 10 年宏观经济社会发展与农业发展环境条件的合理假设，综合 CAMES 模型基线预测和有关专家的分析判断，对重要时间节点 2018 年和 2020 年及未来 10 年生产、消费、贸易、价格走势进行了系统展望。

　　未来 10 年中国宏观经济与政策假设。中国经济增长转向高质量发展，年均增速为 6.1%；城乡居民收入继续增长，城镇和农村居民人均可支配收入年均增速分别为 3.6% 和 6.6%（2017 年为基期，扣除价格因素）；人口总量继续增加，年均增长 2.73‰，城镇化率稳步提高，2020 年、2027 年常住人口城镇化率将分别达到 61.3% 和 65.4%；CPI 在合理区间小幅波动，涨幅保持在 2.0%~3.0%；人民币币值保持基本稳定，人民币兑美元的名义汇率年均值在 6.25~6.65 区间波动；国际原油价格回升，总体呈温和上涨趋势。从农业自身看，农业政策红利持续释放，乡村振兴战略开创农业发展新格局。

　　2017 年，中国农业供给侧结构性改革取得新成效。主要农产品产量稳定增长，粮食再获丰收，为历史第二高产年，总产量连续 5 年超过 6.0 亿吨，棉油糖产量分别较上年增长 3.5%、2.8% 和 1.7%，肉蛋奶、水产品、果菜茶等市场供应充裕；**农业生产结构不断调优**，减玉米、增大豆、扩饲草、调生猪、提牛奶等成效明显，籽粒玉米累计调减 5 000 万亩（333 万公顷），粮改饲面积累计超过 1 000 万亩（67 万公顷），生猪养殖进一步向玉米主产区聚集。**农产品消费总量继续增加**，口粮消费稳中有降，玉米饲用消费和深加工消费增长较快，肉类、奶制品、水产品消费结构不断升级，食用植物油消费增速放缓，蔬菜水果继续小幅增长。**农产品贸易量继续增长**，全年谷物和谷物粉进口 2 560 万吨，大豆进口量达到 9 554 万吨，食用植物油进口量 581 万吨，奶制品进口量增加 13.5%，蔬菜、水果及制品和水产品继续保持贸易顺差。**农产品价格总水平下降**，稻谷最低收购价小幅下调，小麦最低收购价保持稳定，玉米新粮上市后收购价稳中有涨，大豆、花生等油料品种出现不同程度下跌，鲜活农产品价格总体稳中略降。

　　2018 年，农业转向高质量发展将取得新进展。中国农业发展以实施乡村振兴战略为总抓手，继续深入推进农业供给侧结构性改革，农业生产稳健增长，结构持续优化。粮食产能得到进一步巩固和提高，总产量继续稳定在 6.0 亿吨以上，优质稻米和强筋弱筋小麦供给继续增加，水稻面积预计调减 1 000 万亩（67 万公顷）以上，畜牧业生产稳中有增，水产品产量小幅调减。**农产品消费保持增长，消费升级加快。**口粮消费保持稳定，牛奶、牛羊肉和水产品消费增长较快，马铃薯、玉米加工消费明显增加，绿色化、多样化、品牌化消费需求快速增长。农产品进口继续增加，结构出现分化。谷物、大豆增速放缓，猪肉进口预计下降，食糖、牛羊禽肉、棉花、牛奶进口仍将保持较快增加。**农产品价格预计总体平稳，部分品种波动加大。**稻谷小麦优质优价、市场购销两旺的特征将更为明显，玉米去库存加快，价格稳中有涨，油料、棉花、食糖下行压力加大，鲜活农产品总体平稳，猪肉价格稳中略降，牛羊禽肉、水产品、饲料等价格稳中略涨。

未来 10 年，农业高质量发展将取得明显成效，农业发展不平衡不充分的问题将得到有效解决。农业综合生产能力保持稳健增长态势，谷物由阶段性供给充裕向保持基本自给格局转变。主要农产品产量继续稳中有升，小麦产量保持稳定，稻谷和玉米产量先降后升，食糖、羊肉产量年均增速保持在 2.0% 以上，奶制品、牛肉、饲料、水果、猪肉和禽肉产量年均增速保持在 1.0%~2.0%，畜产品生产向粮食主产区转移，供给质量和效率显著提高。**农产品消费稳步增长，消费升级明显加快。**随着居民收入水平提高、营养知识普及和城镇化水平加快，奶制品、牛羊肉、食糖消费快速增长，年均增速超过 2.0%，蔬菜、水果、禽肉、大豆、饲料消费年均增速在 1.0%~2.0%。方便营养加工食品需求增加，马铃薯、牛肉、猪肉、水果和禽肉加工消费年均增速在 4.0%~5.0%。**农产品贸易保持活跃，进口品种和来源地更加多元。**食糖、奶制品、水产品、羊肉进口量年均增速预计为 12.3%、3.3%、1.7%、1.1%，大豆增速放缓至 0.6%，食用植物油年均增速下降到 1.8%。签署自贸区的伙伴国和"一带一路"沿线国家将成为中国农产品进口的重要来源地，欧盟预计在奶类等畜产品的进口中占据重要席位。农产品价格市场化特征更加明显，总体呈现温和上涨态势。农产品市场价格形成机制不断完善，稻谷、小麦价格展望前期稳中有降，玉米价格波动加大，鲜活品种价格季节性波动仍然明显，展望后期受成本推动和经济增长等因素影响，农产品价格趋涨。

稻米：产量保持稳定，消费总量增加。未来 10 年，中国稻米种植面积先减后增，单产持续提高，总产量将保持稳定；口粮消费保持增长，饲用消费和加工消费略增，种子消费和损耗略减，消费总量增加。政策因素将会在相当长时间内影响价格形成机制，稻米价格将保持稳中有涨的态势。受国内外价格总体水平影响，大米进口继续维持一定数量，展望前期稻米"去库存"加速，出口将会继续增加。

小麦：生产保持稳定，消费稳中有增。未来 10 年，中国小麦面积和总产量略降后趋稳，预计 2027 年产量将达到 13 182 万吨，年均增长 0.16%。消费稳中有增，2027 年将达到 13 526 万吨，年均增长 0.9%，其中，口粮消费、饲用消费、工业消费将持续增长，种子消费和损耗量将略有下降。随着中国粮食价格支持政策改革的加快推进，市场将逐渐在小麦价格形成中起决定性作用，预计未来 1~3 年内小麦市场价格稳中略降，长期将稳中有涨。

玉米：种植向优势产区集中，面积先减后增，价格走势由弱转强。未来 10 年，玉米供给侧改革继续深入，综合生产能力不断提升，面积调减之后再稳步增加，产量由降转升，预计 2027 年面积将稳定在 5.3 亿亩，产量将恢复到 2.38 亿吨；受政策和市场环境不断改善利好影响，玉米饲用消费恢复刚性增加，深加工消费保持较快增长；国内外价格交织，玉米进口维持稳定在 200 万 ~500 万吨；展望前期价格低位徘徊，展望后期玉米市场将迎来上升期。

大豆：消费需求稳步增长，进口量继续增加。未来 10 年，种植面积预计稳定在 1.26 亿亩以内，单产提升，总产量稳步增加，预计 2027 年将达到 1 600 万吨左右；受压榨加工和食用需求增加带动，消费量稳步增加，预计 2027 年消费量约 11 650 万吨，较 2017 年增加 10.9%；大豆产不足需仍为常态，展望期内大豆进口量仍将保持高位，但年均增速放缓至 0.6%，展望期末大豆年进口量将接近 1 亿吨左右；展望期内大豆价格受需求支撑，总体将保持稳定，展望后期将稳中有涨。

油料：生产稳中有增，消费结构进一步优化。未来 10 年，受种植业结构调整以及技术进步等因素影响，中国油料产量保持稳中有增，到 2027 年预计将达到 3 800 万吨。在城镇化率提高和人口总量增加带动下，2027 年食用油籽消费量将达到 1.52 亿吨左右；食用植物油消费稳步增长到 3 400 万吨左右，展望期内年均增长 0.3%；食用植物油消费结构显著升级，多元化需求更加明显。油籽产需缺口仍将保持高位，预计 2027 年食用油籽进口超过 1.06 亿吨。

棉花：品质稳步提升，面积和产量下降。受比较效益下降、生产成本提高等因素影响，中国棉花面积和产量均呈下降趋势。预计 2027 年播种面积和产量分别为 4 560 万亩（304 万公顷）和 500 万吨，比 2017 年分别下降 9.3% 和 15.1%。棉花品质向纺织行业需求靠拢，整体品质稳步提升。生产格局进一步向新疆[①]集中，内地棉区缩减；棉花消费量将呈波动下降趋势，2017—2027 年，中国棉花消费量预计将从 822 万吨下降到 650 万吨，减少 20.9%。棉花进口量呈先增后稳态势，预计到 2027 年中国棉花进口量为 150 万吨，较 2017 年增长 36.4%。

食糖：产量稳中略升，消费总体趋增，进口持续增长。未来 10 年，中国糖料种植面积将保持基本稳定，单产水平有所提高，预计 2027 年中国食糖产量 1 191 万吨、消费量 1 832 万吨、进口量 730 万吨，分别比 2017 年增长 28.2%、23.0% 和 218.8%。受供需状况、国际糖价等多种因素综合影响，未来 10 年，中国食糖

---

① 新疆维吾尔自治区简称新疆，全书同

价格预期将有较大波动。

蔬菜：总体供给宽松，贸易顺差格局继续保持。 未来 10 年，中国蔬菜播种面积基本稳定，供需总体宽松，总产量以年均 0.9% 的速度增长，到 2020 年，蔬菜产量将达到 85 963 万吨，商品率预计将达到 68.4%，2027 年商品率预计将超过 70%；人均消费平稳增长，蔬菜损耗率持续下降；价格呈上涨态势，季节性波动趋缓；国际贸易比较优势提升，继续保持顺差格局，净出口量年均增长 3.9%。

马铃薯：长期来看，生产量和消费量都将保持增加态势。 未来 10 年，随着农业供给侧结构性改革的深入推进和高产栽培技术的广泛应用，我国马铃薯产量呈增加趋势，预计 2020 年将达到 11 187 万吨，2027 年将达到 11 724 万吨，展望期内年均增长 0.9%；在马铃薯主食化战略实施以及健康营养理念普及的条件下，马铃薯消费也将增加，预计 2020 年将达到 10 960 万吨，2027 年增加到 11 631 万吨，展望期内年均增长 1.0%。展望期内，在生产成本刚性增长的推动和消费需求增加的拉动下，中国马铃薯价格呈上涨趋势。随着马铃薯产业开发加快推进，中国马铃薯国际竞争力将进一步增强，进口替代效应愈发显著，进口将减少，出口将进一步增加，贸易顺差将继续扩大。

水果：产量增速趋缓，消费升级加快，进出口总量扩大。 未来 10 年，基于面积和单产的增长，水果产量预计以 1.6% 的年均增速增长，到 2027 年将达到 3.37 亿吨，特色品种和品类加快发展，质量提升加快；水果直接消费和加工消费均持续增长，消费结构升级加快，消费形式多样化发展；生产成本推动水果平均价格在波动中上涨，品质和稀缺性成为影响价格的重要因素；进口需求旺盛和出口竞争力提高推动进出口规模持续扩大，并保持顺差。

猪肉：产量增速前高后稳，进口量趋降。 未来 10 年，中国生猪出栏量和猪肉产量年均增速预计分别为 1.1%、1.4%，2027 年将分别达到 7.65 亿头和 6 110 万吨。猪肉供给量和人均占有量年均增速分别为 1.2% 和 1.0%，2027 年将分别达到 6 155 万吨和 43.08 千克。展望前期猪价将处于下降通道，2020 年以后将会触底反弹，进入下一轮价格周期。随着国内猪肉产能和竞争力水平的提高，猪肉进口预期将逐步减少，但仍将维持一定水平。

禽肉：产量温和增长，出口稳中有增。 未来 10 年，禽肉生产质量效益不断提升，产量稳步增长，预计 2027 年产量将达到 2 163 万吨，比 2017 年增长 14.0%；消费转型加快，冰鲜消费占比显著提高，消费总量缓步增加，预计年均增长 1.3%；贸易结构基本保持稳定，出口有望增加，年均增长 1.0%。在饲料、人工、防疫、环保等成本上升趋势的推动下，禽肉价格将总体保持上涨态势。

牛羊肉：生产消费保持增长，牛肉进口继续增加。 未来 10 年，随着科技进步和规模化水平提升，牛羊肉综合生产能力不断提高，产量将保持增长，年均增速分别为 1.7%、2.2%，到 2027 年牛羊肉产量将分别达到 863 万吨、581 万吨；消费需求稳步提升，消费方式呈现多元化；在成本刚性上涨的推动下，价格将稳中略涨，年际间略有波动；牛肉进口继续增加，羊肉进口相对稳定，均呈净进口趋势，到 2027 年牛肉进口量达到 122 万吨，羊肉进口量在 28 万吨左右。

禽蛋：生产消费增长，增速趋缓。未来 10 年，随着蛋鸡品种的改良、生产管理水平的提升，禽蛋产量增加，2027 年为 3 322 万吨，比 2017 年增长 8.2%；成本上涨、南方水网限养禁养区划定，小规模养殖户以及粗放型养殖户退出速度加快，中国禽蛋产量增速放缓，10 年间年均增速 0.8%；人口增加、消费习惯转型升级，禽蛋消费将稳定增长，2027 年为 3 309 万吨，比 2017 年增长 7.9%；在成本推动下，禽蛋价格逐渐上涨，季节性特征明显。

奶制品：产消稳步增加，进口量继续增加。未来 10 年，奶业综合生产能力显著增强，生产逐步恢复，2020 年和 2027 年产量预计分别将达到 3 870 万吨和 4 380 万吨，分别比 2017 年增长 5.9% 和 19.8%。年轻一代消费群体崛起促进消费升级和结构优化加速，预计 2020 年和 2027 年消费量分别将达到 5 597 万吨和 6 361 万吨，分别比 2017 年增长 10.1% 和 25.1%。受国内外价差驱动乳制品进口继续增加，2020 年和 2027 年预计分别将达到 1 732 万吨 1 986 万吨，分别比 2017 年增长 20.6% 和 38.2%。

水产品：产量将先降后升，消费继续增长。未来 10 年，水产品产量将由持续减少逐渐转为微幅增长，产量增速将大幅放缓，年均增长 0.2%。其中，养殖产量将缓慢增长，捕捞产量不断下降并逐渐趋于稳定。水产品食用消费与加工消费将继续增长，加工消费占总消费比例不断提高，由 2017 年的 38.5% 上升到 2027 年的40.7%。水产品出口总体将保持稳定，大体保持在 400 万吨；进口将继续增加，预计 2027 年将达到 578 万吨。

饲料：工业饲料产量及消费量保持稳步增长，饲料产品价格稳中有升。未来 10 年，工业饲料产品升级优化，产量持续增加，展望期末产量增至 24 700 万吨左右。消费方面，生猪饲料和水产饲料是需求增长的主要动力，禽类饲料需求增幅趋于稳定，反刍饲料发展潜力较大，预计 2027 年消费总量将达到约 24 480 万吨；展望期间，主要原料供给将由宽松转向均衡偏紧，原料价格由弱转强，饲料企业规模效益增加，单位生产成本有所下降，展望期间饲料产品价格稳中有涨。

目　　录

第一章

概　述

《中国农业展望报告（2018—2027）》的基本结论主要基于中国农产品监测预警系统（CAMES）最新基线预测，同时也综合了有关专家的分析判断。中国农产品监测预警系统是一个动态的、多品种、多市场和开放的模型集群复杂巨系统，主要集成人工智能算法模型、可计算一般均衡模型、大数据分析模型、数学规划模型和计量经济应用模型等五大类模型，具有监测、模拟、展望和预警四大功能，分析空间尺度包括全国、大区、省、市、县等，分析产品对象涵盖大类、中类、小类、细类、品类和品种。其中，CAMES的展望功能主要表现为短期和中长期的生产展望、消费展望、价格展望和贸易展望等。本报告对2018—2027年中国主要农产品生产、消费、价格、进出口等进行了展望，包括稻米、小麦、玉米、大豆、油料及油脂、棉花、糖料及食糖、蔬菜、马铃薯、水果、猪肉、禽肉、牛肉、羊肉、禽蛋、奶制品、水产品、饲料18个（种）产品。本章将重点介绍中国农产品市场中长期展望的主要条件假设及未来10年中国农业发展的环境条件。

1 未来10年宏观经济社会发展环境

本年度CAMES基线预测的基期为2017年，模型考虑的外生变量指标主要有国内生产总值（GDP）、人口与城镇化率、居民消费价格指数（CPI）、能源价格、城乡居民收入、人民币汇率、农业政策及国际市场环境等，其假设主要是：中国经济增长转向高质量发展，城乡居民收入继续增长；人口数量持续增加，城镇化率稳步提高；消费需求保持较快增长，CPI在合理区间小幅波动；人民币国际化进程加速，人民币币值保持基本稳定；国际原油价格回升，总体温和上涨趋势；农业政策红利持续释放，乡村振兴战略开创农业发展新格局；国际环境存在很多不稳定、不确定因素，农产品贸易和价格面临不确定性风险。

1.1 中国经济增长转向高质量发展

全球经济出现好转，中长期有望保持稳健增长。据联合国发布《2018世界经济形势与展望》报告显示，2017年全球经济增长步伐加快，增长速度达到3.0%，创2011年以来最快增长速度，与上年相比提高了0.6个百分点。短期来看，全球经济增长前景将有所改善，但也面临贸易政策改变、全球金融环境突然恶化以及地缘政治局势日益紧张等风险。据联合国（UN）、世界银行（WB）、国际货币基金组织（IMF）、经济合作与发展组织（OECD）、美国农业部（USDA）等机构预测，全球经济增长继续呈现向好趋势，2018年和2019年预计稳定在3.0%左右（图1-1）。发展中经济体仍是全球经济增长的主要贡献者，预计2018年、2019年经济增长分别为4.6%和4.7%。发达经济体的经济增长预计2018年为2.0%，2019年为1.9%，其中美国经济增长速度2018年和2019年预计均为2.1%。展望未来10

年，在科技创新和一系列政策作用下，发达经济体的经济增长有望保持回暖态势，新兴市场和发展中国家经济继续较快增长，综合多家机构分析判断，本展望报告假定 2018—2027 年世界经济年均增速为 2.9%。

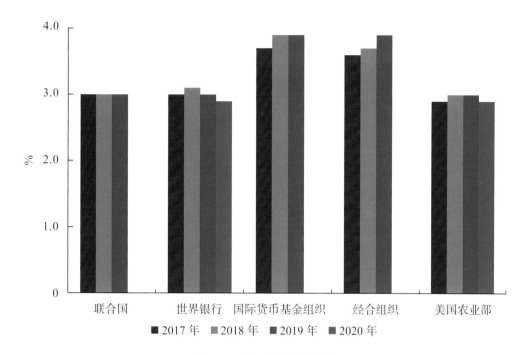

图 1-1　世界经济增长展望

数据来源：1. 联合国经济社会部 2017 年 12 月发布《2018 世界经济形势与展望》，世界经济增长按汇率法 GDP 加权汇总；2. 世界银行 2018 年 1 月发布《全球经济展望》，世界经济增长按汇率法 GDP 加权汇总；3. 国际货币基金组织 2018 年 1 月发布《全球经济展望》，世界经济增长按购买力平价法加权汇总；4. 经合经济合作与发展组织 2017 年 11 月发布《经济展望》，世界经济增长率为购买力平价法 GDP 加权汇总；5. 美国农业部 2018 年 2 月发布《2017—2026 农业展望报告》，世界经济增长按 2015—2017 年为基期计算

中国经济进入高质量发展阶段。2017 年中国经济延续稳中有进、稳中向好的发展态势，新动能成为经济增长的重要动力，经济增长质量不断提高，全年国内生产总值达到 82.7 万亿元，按可比价格计算，比上年增长 6.9%，提高了 0.2 个百分点。本展望报告假定，2018—2027 年中国经济年均增长 6.1%（图 1-2），主要综合考虑了 3 个方面：一是未来中国经济增长仍有较大的潜力、韧性和优势。十九大报告指出，当前中国经济已由高速增长阶段转为高质量发展阶段，保持中高速增长是新常态。国务院总理李克强在政府工作报告中提出，2018 年国内生产总值增长预期目标为 6.5% 左右。到 2020 年实现全面建成小康社会，经济增长仍将要保持中高速。当前我国物质技术基础更加雄厚，产业体系完备、市场规模巨大、人力资源丰富、创业创新活跃，综合优势明显。未来 10 年，中国经济发展方式将加快转变，经济结构将持续优化，增长动力将发生转换，中国经济有能力有条件实现更高质量、更有效率、更加公平、更可持续的发展。二是国内外重要机构对中国经

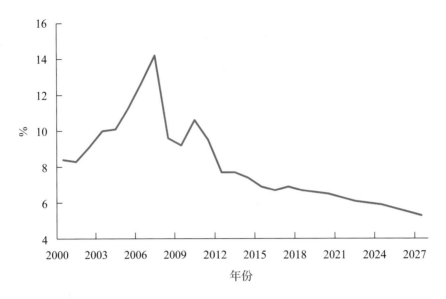

图 1-2　2000—2027 年中国经济增长走势

数据来源：2000—2017 年数据来自中国国家统计局，2018—2027 年数据为中国农业科学院农业信息研究所 CAMES 假定条件

济增长的短期预测。中国科学院、中国社会科学院、中国人民大学等机构均预测 2018 年中国 GDP 增速为 6.7% 左右。《财经国家周刊》开展的百名经济学家问卷调查结果显示，90% 以上的受访经济学家认为 2018 年中国 GDP 增速仍将保持在 6.5% 左右。联合国（UN）、世界银行（WB）、国际货币基金组织（IMF）和经济合作与发展组织（OECD）预测 2018 年中国经济增速为 6.4%~6.6%，2019 年增速为 6.3%~6.4%，2020 年增速为 6.2% 左右（图 1-3）。三是国内外有关机构对中国

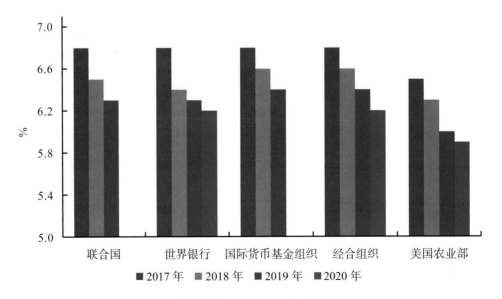

图 1-3　国际机构发布的 2017—2020 年中国经济增长展望

经济的中长期增长潜力展望。国务院发展研究中心发布的《中国经济增长十年展望（2017—2026）》，预测未来 10 年中国经济年均增速将接近 6.0%。经济合作与发展组织 2018 年 1 月发布《东南亚经济展望报告》中，预测 2018—2022 年中国经济年均增长 6.2%；美国农业部 2018 年 2 月发布的《2018—2027 农业展望报告》中，预测未来 10 年中国经济年均增长 5.5%（按 2015—2017 年为基期计算）。

1.2　中国人口数量持续增加

世界人口保持增长。据联合国发布的《世界人口展望报告（2017 年修订版）》，2018—2027 年世界人口增速下降，将由过去 10 年的年均增长 1.19% 下降至 0.99%，展望期间人口数量将增加 7.85 亿人，到 2027 年世界人口总量将达到 83.35 亿人。世界人口的增长主要来自亚洲和非洲，约占世界人口增量的 88.6%。欧洲人口数量将出现负增长，预计未来 10 年减少约 52.6 万人。在美洲地区，美国和巴西人口数量增速将放缓，未来 10 年预计年均分别增长 0.70% 和 0.62%，到 2027 年将分别达到 3.47 亿人和 2.22 亿人（图 1-4）。世界人口的持续增长带动农产品消费需求持续增加，同时促进农产品国际贸易不断发展。

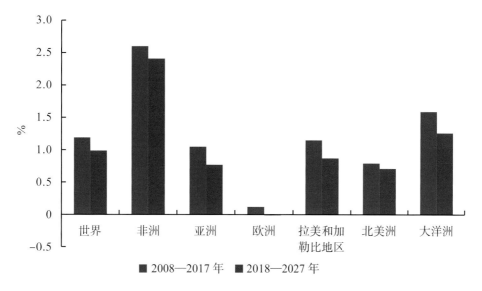

图 1-4　2008—2027 年世界人口增长变化

数据来源：联合国世界人口前景数据库（2017 年修订版）

中国人口持续增加，增速明显下降。2017 年全面放开二孩政策效果继续显现，年末中国大陆总人口（不包括香港、澳门特别行政区和台湾省以及海外华侨人数，下同）达到 139 008 万人，比上年末增加 737 万人（5.3‰）；全年人口出生率为 12.43‰，出生人口 1 723 万人，二孩出生数量占比超过 50%。影响未来 10 年中国人口增长的主要因素：一是全面二孩政策效应短期将继续显现。据中国国家统计局发布，自中国全面二孩政策实施以来，二孩出生数量大幅增加，2017年二孩出生数量达到880万人左右，比2016年增加162万人，政策效果明显。预计2020年之前，全面二孩政策效应将持续。二是生育意愿有下降趋势。随着经济社会发展以及女性受教育水平的提高，妇女生育水平和生育意愿均呈下降趋势。综合分析，本展望报告假定展望期间中国人口总量将保持增长，预计未来10年年均增长2.73‰，与过去10年年均增长5.10‰相比明显下降；展望期间人口总量将增长27.63%，增加约3840万人。其中，2016—2020年预计年均增长4.8‰，2021—2025年预计年均增长2.42‰。按此增长速度，中国人口将在2020年之前突破14亿人，2027年将继续缓慢增加到14.28亿人（图1-5）。中国人口总量的持续增加，将带来食物消费需求的刚性增长。

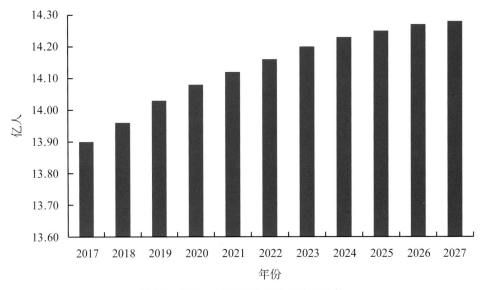

图1-5　2017—2027年中国人口变化趋势

数据来源：2018—2027年数据为中国农业科学院农业信息研究所CAMES假定条件

中国城镇化速度继续较快发展。2017年中国城镇常住人口81 347万人，比上年增加2 049万人；城镇人口占总人口比重（城镇化率）为58.52%，比上年提高1.17个百分点。全国人户分离人口（即居住地和户口登记地不在同一个乡镇街道且离开户口登记地半年以上的人口）2.91亿人，比上年末减少98万人；其中流动人口2.44亿人，比上年末减少82万人。综合考虑《国家新型城镇化规划（2014—2020年）》《关于进一步推进户籍制度改革的意见》等发展规划和其他相关因素，本展望报告假定未来10年中国人口城镇化发展速度将继续较快发展，2020年末城镇常住人口城镇化率和户籍人口城镇化率将分别达到61.3%和46.1%，2027年将继续分别提高到65.4%和52.5%（图1-6）。中国城镇化率的稳步提高，将拉动肉类、禽蛋、奶制品和水产品的消费需求保持较快增长。

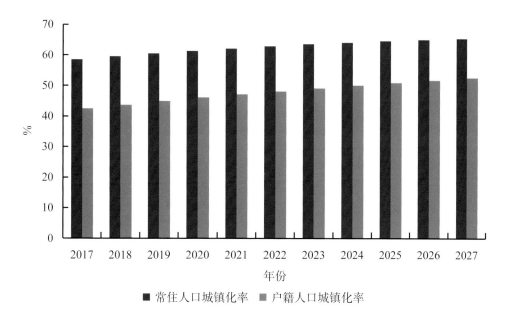

图 1-6 2017—2027 年中国城镇化发展趋势

数据来源：2018—2027 年数据为中国农业科学院农业信息研究所 CAMES 假定条件

1.3 居民消费价格指数小幅波动

2017 年中国居民消费价格温和上涨，全年 CPI 上涨 1.6%，涨幅比上年回落 0.4 个百分点。分类别看，食品烟酒价格下降 0.4%，衣着上涨 1.3%，居住上涨 2.6%，生活用品及服务上涨 1.1%，交通和通信上涨 1.1%，教育文化和娱乐上涨 2.4%，医疗保健上涨 6.0%，其他用品和服务上涨 2.4%（图 1-7）。食品价格下降

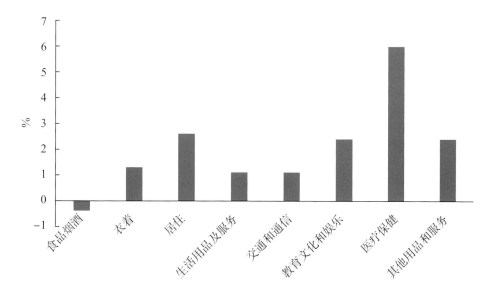

图 1-7 2017 年中国 CPI 构成的涨幅情况

数据来源：中国国家统计局

是 CPI 涨幅回落的主要原因，2017 年食品价格下降 1.4%，是 2003 年以来首次出现下降，影响 CPI 下降约 0.29 个百分点。

短期来看，居民消费价格指数（CPI）呈上涨趋势。2018—2020 年，预计中国居民消费价格指数呈上涨趋势，本展望报告假定 2018 年 CPI 上涨 2.0%，2019 年为 2.2%，2020 年为 2.3%。假定依据主要来自：一是全球 CPI 短期预测上涨。未来 2~3 年，随着需求复苏及商品价格上涨，发达国家、新兴市场和发展中经济体的 CPI 预期均上涨。据联合国预测，2018 年、2019 年全球 CPI 均上涨 2.8%；其中美国、日本、欧盟、中国、印度 2018 年 CPI 预计分别上涨 2.1%、1.4%、1.8%、2.5% 和 4.5%，2019 年分别上涨 2.1%、1.8%、2.1%、2.8% 和 4.8%。二是中国政府宏观经济调控的预期目标。国务院总理李克强在政府工作报告中指出，2018 年中国将继续实施积极的财政政策和稳健的货币政策，保持广义货币 M2、信贷和社会融资规模合理增长，居民消费价格指数涨幅控制在 3.0% 左右。三是主要研究机构预测中国物价水平将继续小幅上涨。中国社会科学院发布的《2018 年经济蓝皮书》中，预测 2018 年中国 CPI 上涨 2.0%，PPI 上涨 3.6%。中国科学院预测科学研究中心发布报告，预测 2018 年中国 CPI 上涨 1.9%，PPI（生产价格指数）和 PPIRM（原材料、燃料和动力购进价格指数）分别上涨 4.2% 和 4.8% 左右。中国人民大学国家发展与战略研究院预测，2018 年中国 CPI、PPI 将分别上涨 2.3% 和 4.6%。中国银行国际金融研究所预测，2018 年中国 CPI 上涨 2.0% 左右。《财经国家周刊》百名经济学家问卷调查结果显示，60% 以上的经济学家认为

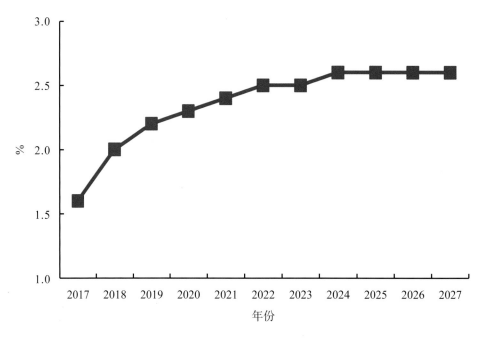

图 1-8　2017—2027 年中国居民消费价格指数走势

数据来源：2018—2027 年数据为中国农业科学院农业信息研究所 CAMES 假定条件

2018 年中国 CPI 涨幅为 2.1%~3.0%。

长期来看，CPI 涨幅呈平稳小幅波动趋势。未来 10 年，国内需求增长和成本上涨以及国际商品价格上涨都将推动物价水平上涨。另据 OECD 和 USDA 发布报告，预测未来 10 年中国 CPI 年均涨幅为 2.6%，美国 CPI 年均涨幅为 2.3%。综合分析相关因素及判断，本展望报告假定 2020—2027 年中国 CPI 涨幅相对稳定，涨幅保持在 2.5%~3.0%（图 1-8）。

1.4 原油价格呈温和上涨趋势

国际原油价格呈温和上涨趋势，短期仍在低位运行。本展望报告假定，展望前期国际原油价格继续回升，展望中后期呈温和上涨趋势（图 1-9）。短期来看，美国页岩油产量预计会有所回升，但原油需求旺盛、欧佩克和其他产油国限制产量等因素将推动原油价格继续回升。联合国发布《2018 世界经济形势与展望》报告显示，布伦特原油价格由 2016 年 43.7 美元 / 桶涨至 2017 年 52.5 美元 / 桶，上涨了 20.1%；2018 年、2019 年将分别继续上涨到 55.4 美元 / 桶和 59.7 美元 / 桶。世界银行 2017 年 10 月发布《商品市场展望》报告显示，2017 年国际原油价格开始出现回升，全年原油均价估计为 53 美元 / 桶，与上年相比上涨 23.8%；预计 2018

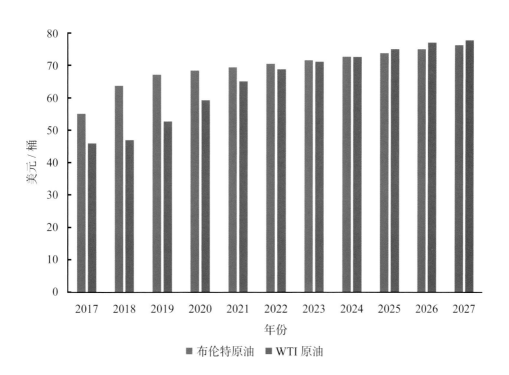

图 1-9 2017—2027 年国际原油价格走势

数据来源：布伦特原油价格数据来自 IEA 和 WB，WTI 原油价格数据来自 USDA

年继续回升，将涨至 56 美元 / 桶，到 2020 年将达到 60 美元 / 桶，2030 年有望涨至 70 美元 / 桶。美国能源信息署（EIA）2018 年 2 月发布的能源展望月度报告显示，未来两年原油价格呈温和上涨趋势，预测 2018 年布伦特原油和 WTI 原油平均价格将分别为 62.39 美元 / 桶、58.28 美元 / 桶，与 2017 年相比将分别上涨 15.2% 和 14.7%；2019 年稳中有降，分别为 61.51 美元 / 桶和 57.51 美元 / 桶。展望中后期，在全球原油生产供应充裕和能源需求增速放缓等条件下，原油价格将不会出现明显上涨，难以突破 80 美元 / 桶。中国成品油价格与国际市场联动性强，展望期间将跟随国际市场波动。原油价格上涨，将传导至相关产业，导致运输成本和农业生产成本增加。

1.5 城乡居民收入继续增长

居民收入增长快于经济增长，城乡居民收入差距继续缩小。据中国国家统计局发布数据，2017 年全国居民人均可支配收入 25 974 元，比上年名义增长 9.0%；扣除价格因素实际增长 7.3%，比上年加快 1.0 个百分点，实际增速也比 GDP 和人均 GDP 增长分别快 0.4 和 1.0 个百分点；全国居民人均可支配收入中位数 22 408 元，比上年名义增长 7.3%。按常住地分，城镇居民人均可支配收入 36 396 元，扣除价格因素实际增长 6.5%；农村居民人均可支配收入 13 432 元，扣除价格因素实际增长 7.3%，实际增速高于城镇居民 0.8 个百分点。城乡居民人均收入倍差由 2013 年 3.0 缩小到 2017 年 2.71，五年来缩小了 0.29。收入结构继续优化，工资、经营、财产 3 项收入均加快增长；其中全国农民工月均收入水平 3 485 元，比上年名义增长 6.4%（表 1-1）。

表 1-1　中国城乡居民收入情况　　　　　　　　　　　　单位：元

年份	城镇居民	农村居民	收入比
2007	13 785.8	4 140.4	3.3∶1
2008	15 780.8	4 760.6	3.3∶1
2009	17 174.7	5 153.2	3.3∶1
2010	19 109.4	5 919.0	3.2∶1
2011	21 809.8	6 977.3	3.1∶1
2012	24 564.7	7 916.6	3.1∶1
2013	26 955.0	8 896.0	3.0∶1
2014	29 381.0	9 892.0	2.97∶1
2015	31 195.0	11 422.0	2.73∶1
2016	33 616.0	12 363.0	2.72∶1
2017	36 396.0	13 432.0	2.71∶1

数据来源：中国国家统计局

展望期间，城乡居民收入持续增长。从现在到 2020 年是全面建成小康社会决胜期，中国将实现全国居民收入翻番目标。党的十九大报告明确提出，从 2020 年到 21 世纪中叶分两步走全面建设社会主义现代化国家，第一个阶段从 2020 年到 2035 年，基本实现社会主义现代化，到那时全国人民生活更加宽裕，居民生活水平差距显著缩小；第二个阶段从 2035 年到 21 世纪中叶，把我国建成富强民主文明和谐美丽的社会主义现代化强国，到那时全体人民共同富裕基本实现，人民将享有更加幸福安康的生活。未来一段时期，实施乡村振兴战略，也将给中国农业农村经济发展带来重大战略机遇。综合分析判断，本展望报告假定，未来 10 年中国城镇居民（按常住地分）人均可支配收入年均增长 3.6%（按 2017 年为基期，扣除价格因素），农村居民人均可支配收入年均增长 6.6%（按 2017 年为基期，扣除价格因素）。据此预测，2027 年中国城镇居民人均可支配收入将达到 5.18 万元左右（按 2017 年为基期，扣除价格因素），农村居民人均可支配收入将达到 2.56 万元（按 2017 年为基期，扣除价格因素），城乡居民收入差距将缩小到 2.02∶1（图 1-10）。中国城乡居民收入的持续增长，将加快消费结构转型升级，拉动对优质、生态、绿色、安全、营养、健康农产品的消费需求。

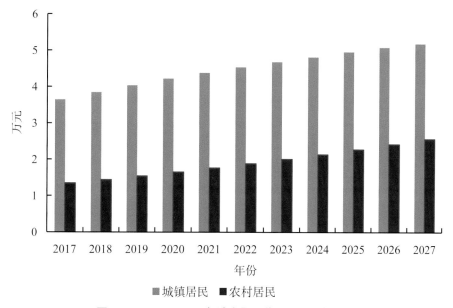

图 1-10　2017—2027 年城乡居民收入增长趋势

数据来源：2018—2027 年数据为中国农业科学院农业信息研究所 CAMES 假定条件

1.6　人民币币值保持基本稳定

短期来看，人民币汇率升值空间收窄。2017 年，受美联储连续 3 次加息、缩减资产负债表和特朗普政府减税等因素影响，国际货币和资本市场波动频繁。但由于中国经济平稳增长以及较为灵活的外汇调控政策，人民币汇率总体仍保持在合理均衡水平上波动。据统计，人民币兑美元升值，汇率中间价由 2017 年 1 月 1 日 6.9 370 升值到 2017 年 12 月 31 日 6.5 342，全年平均值为 6.75 左右，全年上涨约 6.0%；同期人民币兑欧元贬值，汇率中间价全年均值为 7.63 左右，全年下跌 7.0% 以上（图 1-11）。预计展望前期阶段人民币汇率保持双向波动，人民币兑美元的名义汇率升值空间收窄。本展望报告假定，2018 年和 2019 年人民币兑美元汇率中间价均值在 6.50~6.65 区间波动。

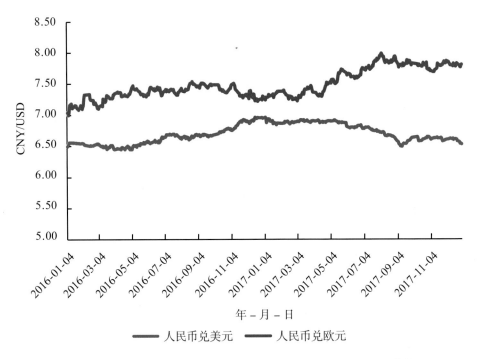

图 1-11　2016 年 1 月 1 日以来人民币兑美元和欧元的汇率中间价走势

数据来源：中国银行金融数据

展望未来 10 年，人民币币值保持基本稳定。随着人民币国际化进程加速，人民币汇率将趋于更加稳健。本展望报告假定，未来 10 年人民币兑美元的名义汇率呈轻微升值趋势，年均值在 6.25~6.65 区间波动（图 1-12）。从国际上看，展望期间日元兑美元名义汇率预期升值，澳元、加元、欧元、卢布等兑美元名义预计轻微贬值。

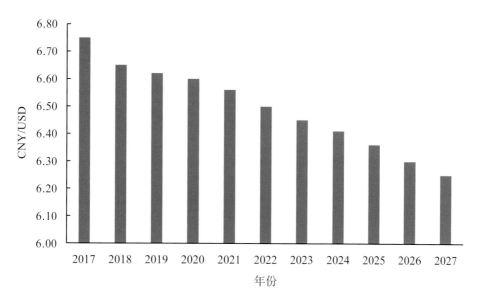

图 1-12   2017—2027 年人民币兑美元的名义汇率中间价走势

数据来源：2018—2027 年数据为中国农业科学院农业信息研究所 CAMES 预测

2   未来 10 年中国农业发展的环境条件

当前，农业农村经济的基础条件和主要矛盾发生了深刻变化，运行机制和外部环境也发生了深刻变化，农业正处在转变发展方式、优化经济结构、转换增长动力的攻关期。未来 10 年，中国农业发展将迎来难得机遇，同时也面临诸多挑战。

2.1   农业发展政策不断强化完善

未来 10 年，中国农业发展政策将进一步强化和完善，主要体现在：一是"三农"工作继续作为重中之重。党的十九大报告明确指出，农业农村农民问题是关系国计民生的根本性问题，必须始终把解决好"三农"问题作为全党工作重中之重。习近平总书记也多次强调了"三农"问题的极其重要性，要加强党对"三农"工作的领导，任何时候都不能忽视农业、不能忘记农民、不能淡漠农村，要把农业农村发展摆在优先位置，坚持强农惠农富农政策不减弱。"三农"工作的战略定位和要求，将给未来 10 年中国农业发展带来持续政策红利。二是农业支持政策体系继续完善。围绕农民增收、提高农业综合生产能力、新农村建设、发展现代农业、农业科技创新、农业现代化、农业供给侧结构性改革、乡村振兴战略等方面，2004 年起中国连续发布了 15 个以"三农"问题为主题的中央一号文件，不断完善农业政策体系，持续加大农业政策支持力度。未来一段时期，中国会继续加快推进农业现代化，农业支持政策体系将进一步完善，对农业可持续发展将会产生重要影响。三是农业管理体制机制不断优化。2018 年 3 月 17 日第十三届全国人民代表大会第一次会议审议通过了《关于国务院机构改革方案的决定》。该方案中提出，将农业部的职责以及国家发展和改革委员会的农业投资项目、财政部的农业综合开发项目、国土资源部的农田整治项目、水利部的农田水利建设项目等管理职责整合，组建农业农村部。组建后的农业农村部，进一步优化了原机构的职能与管理机制，将进一步释放农业发展活力，增强农业发展动力。

2.2 农业提质增效有较好的条件

推进农业供给侧结构性改革，促进农业转型升级，提高农业综合效益和竞争力，是未来一段时期我国农业发展的主要方向。展望未来 10 年，实现农业提质增效将有较好的支撑条件，主要体现在：一是农业提质增效的基础更加坚实。农业综合生产能力登上新台阶，粮食产量自 2013 年以来连续 5 年稳定在 6.0 亿吨以上，棉油糖、肉蛋奶、果菜茶、水产品等供给充裕；高标准农田建设正在扎实推进，到 2020 年有望建成高标准农田 8 亿亩以上，国家粮食与食物安全得到切实保障，为农业提质增效提供了更大空间。二是农业提质增效的时机更加有利。未来一个阶段，中国农业将继续深入推进农业供给侧结构性改革，农业提质增效进入到有利时期。当前，减玉米、增大豆、扩饲草、调生猪、提牛奶等取得明显成效。籽粒玉米累计调减 5 000 万亩（333 万公顷），粮改饲面积超过 1 300 万亩（87 万公顷），生猪养殖进一步向玉米主产区聚集，农产品质量和品牌进一步优化，主要农产品监测合格率连续 5 年稳定在 96% 以上，为农业提质增效创造了有利条件。三是农业提质增效的动力更加充足。习近平总书记指出，绿水青山就是金山银山。展望期间，中国农业发展将践行新发展理念，坚持质量兴农、绿色兴农、效益优先，持续推进农业投入品减量，加快提高农业废弃物资源化利用水平，加强农业资源养护。目前，化肥农药使用量提前实现零增长，轮作休耕试点面积扩大到 1 200 万亩（80 万公顷），畜禽粪污综合利用率、秸秆综合利用率和农膜回收率均达到 60% 以上，草原综合植被盖度达到 55.3%，农业提质增效迈出重要步伐。四是农业提质增效的技术更加先进。随着国家创新驱动发展战略的实施，未来中国农业发展的科技支撑更加强劲，将明显加快转变农业发展方式，良种农技农机等现代生产要素为农业提质增效插上腾飞翅膀。当前中国主要农作物良种基本实现全覆盖，农作物耕种收综合机械化水平超过 66%，农业科技进步贡献率达到 57.5%，为农业提质增效持续推进提供了有力支撑。

2.3 农业发展面临诸多压力和挑战

中国农业发展取得了巨大成就，但也面临诸多压力和挑战。党的十九大报告提出，中国社会主要矛盾已经转化为人民日益增长的美好生活需要和不平衡不充分的发展之间的矛盾。新时代中国农业主要矛盾已经由总量不足转变为结构性矛盾，突出表现为阶段性供过于求和供给不足并存。中国农业发展仍面临诸多压力和挑战，农业发展不平衡不充分的问题也较多，主要体现在：一是生产资源约束日益趋紧，成本上涨压力不断加大，需求刚性增长日益明显。农业耕地、水资源日益短缺，农业可持续发展面临较大压力；农业劳动力人口数量下降，有文化、懂技术、会经营的新型农民少；人口不断增长，消费需求呈刚性增长。二是农产品供给的数量和质量不平衡，农业的质量发展不充分。农产品品种丰富，但多而不优，同质化严重，个性化产品缺，质量安全风险隐患仍然存在。农业品牌众多，但杂而不亮，农产品大品牌不多，有市场影响力的更少。农业体量很大，但产业大而不强，国际竞争力与农业大国地位还不相称，农产品进口不断增加，贸易逆差持续扩大。三是农业生产的规模与效益不平衡，农业的效益实现不充分。与二三产业比，农业比较效益不高，农民家庭经营收入增长慢。农业产业链条短，农产品附加值不高，农民卖的大多还是初级农产品。农业多功能挖掘不够，生态文化等价值拓展不充分。四是农业的生产与生态功能不平衡，农业的生态功能发挥不充分。农业环境问题日益突出，地下水超采、农业面源污染加重等问题仍较为严重。五是两个市场两种资源利用不平衡，农业国际市场和资源作用发挥不充分。未来一个时期，中国农业现代化建设仍面临巨大压力，挑战依然严峻。

2.4 农业发展不确定性因素增多

未来10年，中国农业发展仍存在诸多不确定性因素，也将对中国农业发展以及农产品市场运行产生影响。不确定性及其可能影响主要来自：一是气候变化的不确定性。展望期间，如果出现旱灾、洪涝、低温、冰雹、台风等极端气候现象，必将对农业生产造成一定影响。尤其水稻、小麦、玉米、大豆、棉花、油料、糖料等农作物，其生长受气温、光照、降雨量等因素的影响大，最终将体现在对作物的收获面积、单产水平和品质等方面。二是技术进步的不确定性。展望期间，动植物育种技术、种养殖技术、动植物疫病防治技术、农业信息技术等有可能创新突破，良种、农技、农机等现代农业生产要素变革的影响存在不确定性。三是政策影响的不确定性。展望期间，稻谷、小麦最低收购价政策有可能继续调整，但调整的幅度和节奏存在不确定性；玉米去库存政策、耕地轮作休耕政策、棉花产业发展政策、畜禽养殖区域布局调整政策等影响存在不确定性；实施乡村振兴战略等制度性供给对农业转型升级的影响存在不确定性。四是国际市场的不确定性。展望期间，国内国际联动性强的农产品国际市场价格变化、主要农产品生产国和贸易国的产量变化、国际农产品贸易政策、国际农产品市场需求、全球经济环境、汇率和国际原油价格等都存在不确定性，其可能的影响也存在不确定性。五是其他不确定性。展望期间，消费结构转型升级带来的需求变化、农业电子商务等新型消费方式对传统消费方式的影响、农产品期货的发展完善对农业生产的影响等具有不确定性。

3 未来10年中国农产品市场发展趋势

未来10年，实施乡村振兴战略将显著提升中国农业农村现代化水平，农业高质量发展取得明显进展，农业供给侧结构性改革取得重大实效，农业发展不平衡不充分的问题得到有效解决，农业综合生产能力保持稳健增长态势，谷物由阶段性供给充裕向保持基本自给格局转变，农产品消费转型升级呈加快趋势，农业市场化国际化继续深化，农业强国地位逐步显现。

3.1 农业综合生产能力稳健提高，高质量发展取得明显进展

未来10年，在实施"藏粮于地、藏粮于技"战略和划定粮食生产功能区、重要农产品生产保护区、特色农产品优势区以及整建制推进绿色高产高效创建、集成推广节本降耗增效新品种新技术等条件下，农业综合生产能力得到进一步巩固和提升，主要农产品产量保持稳健增长，粮食产量总体稳定在6.0亿吨以上，食糖、羊肉产量年均增速保持在2.0%以上，猪肉、牛肉、禽肉、奶制品、水果产量年均增速保持在1.0%~2.0%。农产品质量和品牌将明显优化，农产品基本实现按标生产，国内外有影响力的农业品牌数量增多；农业产业素质明显提升，农业经营效益明显提高。

3.2 农产品消费保持较快增长，消费结构转型升级趋势明显

未来10年，人口增加将拉动农产品消费需求刚性增长，与此同时，城乡居民收入持续增长、城镇化水平稳步提高、健康消费理念逐步形成，都将加快推动消费结构转型升级，膳食结构多样化的健康消费模式逐步建立。城乡居民对奶制品、食糖消费增长最快，年均增速预计分别达到2.3%和2.1%，蔬菜、水果、禽肉、大豆消费年均增速预计1.0%~2.0%。伴随一二三产业的融合，方便营养加工食品需求增加，农产品加工消费增长逐步加快，马铃薯、牛肉、猪肉、水果和禽肉加工消费年均增速在4.0%~5.0%。而棉花受纺织工业外移影响，消费将不断下降，消费量年均下降2.3%。

3.3 农产品贸易保持活跃，两个市场两种资源得到充分利用

展望期间，随着农业对外合作不断加强，农产品贸易将继续保持活跃态势。在实施特色优势农产品出口促进行动下，中国水果、蔬菜分品种展望时，预测水产品出口基本平稳。出口量有望增加，预计马铃薯、水果、蔬菜出口量年均增幅分别为10.8%、6.2%和3.9%。同时，两个市场两种资源进一步充分利用，中国农产品进口量继续增加。进口品种将有所分化，食糖、奶制品、水产品、羊肉年均增速预计

分别为 12.3%、3.3%、1.7% 和 1.1%，而大豆增速将放缓至 0.6%，食用油年均增速预计下降 1.8%。进口来源地更加多元化，随着中国全面开放新格局的推进，自贸区伙伴国和"一带一路"沿线国家将成为中国农产品进口的重要来源地，预计来自欧盟地区奶制品等畜产品的进口比重会有所增加。

3.4 农产品市场调控机制不断完善，市场价格保持合理波动

未来 10 年，随着现代农业市场体系的逐步建立，农产品市场调控机制不断得到完善，粮食等重要农产品价格形成机制和收储制度改革取得明显成效。稻谷、小麦最低收购价政策可能继续调整，预计展望前期稻谷、小麦市场价格稳中有降，展望后期总体略涨，受需求拉动优质口粮品种价格保持上涨态势；玉米、大豆、棉花、食糖、食用油等大宗农产品价格跟随国际市场波动特征更加明显，由于生产效率提高国内外价格倒挂现象将有望明显改善；肉类、禽蛋、奶制品、蔬菜、水果、水产品等鲜活农产品价格的季节性波动逐步减弱，但节日效应带来的波动依然较为明显。受成本推动、需求拉动和经济增长等因素影响，展望期间农产品价格总体趋涨，不同品种分化趋势也将更为明显，优质优价将得到充分体现，农产品市场价格总体保持合理波动。

参考文献

［1］　农业部市场预警专家委员会.中国农业展望报告（2017—2026）［M］.北京：中国农业科学技术出版社，2017.

［2］　United Nations. World Economic Situation and Prospects 2017. 2017-12.

［3］　World Bank. Global Economic Prospects. 2018-1.

［4］　OECD. Economic Outlook（No. 100），2017-11.

［5］　International Monetary Fund（IMF）. World Economic Outlook. 2018-1.

［6］　USDA. USDA Agricultural Projections to 2027. 2018-2.

［7］　Unites Nations. World Population Prospect（2017 Revision）. New York. 2017.

［8］　国家统计局.2017年国民经济和社会发展统计公报［EB/OL］.（2018-02-28）.[2018-03-08]. http://www.stats.gov.cn/tjsj/zxfb/201802/t20180228_1585631.html.

［9］　中共中央总书记习近平在中国共产党第十九次全国代表大会上的报告［R］.2017-10.

［10］　中共中央总书记国家主席习近平在中央农村工作会议上的讲话.［R］.2017-12.

［11］　国务院总理李克强在中央农村工作会议上的讲话［R］.2017-12.

［12］　农业部部长韩长赋在全国农业工作会议上的讲话［R］.2017-12.

［13］　国务院总理李克强在第十三届全国人民代表大会第一次会议上的政府工作报告［R］.2018-3.

第二章

谷　物

党的十八大以来，中国谷物播种面积基本保持稳定，产能进一步夯实，确保了"谷物基本自给，口粮绝对安全"。2017年，国家深入推进农业供给侧结构性改革，主动调优调精谷物种植结构，稳步提高单产，稳定总体产能，首次全面调低稻谷最低收购价，玉米"价补分离"效果好于预期。党的十九大报告强调了国家粮食安全的地位，重申"把中国人的饭碗牢牢端在自己手中"。展望2018年，粮食价格形成机制改革深入推进，稻谷播种面积稳中有降，玉米生产略有恢复，谷物阶段性库存仍然较高，市场价格仍然弱势运行，净进口局面将会持续。未来10年，谷物生产由增产导向转向提质导向，谷物播种面积和产量将表现出先减后增的趋势，市场将由阶段性供大于求向供求基本平衡转变，净进口有望在一定时期内减少。

1 稻米

2017年中国稻谷产量达到20 856万吨的历史高位，与2016年相比增产162.60万吨；消费总量稳中有增，其中，工业用粮增加，饲料消费略有减少。价格方面，总体表现出稳定态势，受政策影响较大。进出口方面，进口继续保持增长，而出口增幅较大。展望2018—2027年，中国稻谷产能总体保持稳定，年度产量将先减后增，大米消费略有增加，进口增长速度将会放缓，出口量将稳步提升，市场价格仍然受到政策调整影响。

1.1 2017年市场形势回顾

1.1.1 产量稳中有增，创历史新高

2017年稻谷种植面积3 017.6万公顷，单产6 914.57千克/公顷，比2016年增加53.83千克/公顷，增长0.8%；产量为20 856万吨，较2016年增加0.7%。其中，全国早稻总产量3 174万吨（635亿斤），比2016年减产103.70万吨（21亿斤），下降3.2%。中晚稻产量17 682万吨，比2016年增加266.30万吨，增长1.5%。早稻产量减少的主要原因是，受最低收购价下调、比较效益低等因素共同作用，早稻种植面积减少，2017年早稻播种面积8 195万亩（5 463千公顷），比2016年减少235万亩（156.7千公顷），下降2.8%。中晚稻产量增加的主要原因则主要在于三方面有利因素：一是农业气候比较有利，中晚稻产量形成关键时期主产区大部光热充足、降水充沛；二是各级各部门大力推广粮食稳产增产技术，稻谷综合生产能力得到提升；三是受玉米调减影响，东北地区种植玉米的部分耕地调整为种植水稻。

1.1.2 消费稳中有增，工业用粮有一定增加

2017年大米消费稳中有增，达到14 976万吨，较上年增加33万吨，数量和结

构较往年有所调整，工业消费有一定幅度增加。其中，食用消费量为 10 888 万吨（折合稻谷约 15 554 万吨），较上年增加 18 万吨；种用稻谷相对稳定，约为 226 万吨；饲用稻谷约 1 801 万吨（折合大米约 1 261 万吨左右），较上年减少约 4 万吨。工业消费稻谷 1 549 万吨（折合大米约 1 084 万吨），较上年略增 39 万吨。增加的主要原因在于不宜存稻谷的规模有一定程度的增加，进入工业用途。2017 年损耗稻谷估计为 2 264 万吨（折合大米 1 585 万吨），较上年减少 11 万吨。此外，2017 年中国政策性粮食库存消化 8 450 万吨，其中政策性稻谷库存消化 1 063 万吨，是 2016 年的 2.97 倍，包括早籼稻 121 万吨、中晚籼稻 385 万吨、粳稻 557 万吨。

1.1.3 进口稳中有涨，出口增加幅度较大

2017 年，中国稻米进出口双增长。其中，进口稻米 399 万吨，同比增 9.3%；进口额 18.60 亿美元，同比增 15.2%；出口稻米 120 万吨，同比增 48.1%；出口额 5.97 亿美元，同比增 70.1%。进口稻米主要来自越南（占进口总量的 56.3%）、泰国（占 28.5%）、巴基斯坦（占 6.8%）。出口目的地主要是科特迪瓦（占出口总量的 25.8%）、韩国（占 14.0%）、土耳其（占 6.2%）。

1.1.4 国内价格总体平稳

2017 年，稻米价格总体保持稳中略增态势，价格形成机制中政策性因素仍占主导地位。稻谷最低收购价全面下调，2017 年早籼稻、中晚籼稻和粳稻最低收购价格每 50 千克分别较 2016 年下调了 3 元、2 元和 5 元，早籼稻已经连续两年下调，累计 5 元。早籼稻全国年批发均价为 2.58 元 / 千克，同比上涨 0.8%，晚籼稻全国批发均价 2.74 元 / 千克，同比上涨 2.6%，粳稻全国批发均价 3.04 元 / 千克，同比上涨 5.2%，早籼米全国批发均价 3.90 元 / 千克，同比上涨 1.3%，晚籼米全国批发均价 4.23 元 / 千克，同比上涨 2.4%，粳米全国批发均价 4.66 元 / 千克，同比下跌 0.6%。从月度走势看：一季度稻米价格基本稳定，二季度开始各品种走势出现分化。其中，早籼稻价格震荡下跌，由 3 月的 2.64 元 / 千克跌至 7 月的 2.56 元 / 千克。新季早籼稻上市后，最低收购价预案启动，价格反弹至 9 月的 2.62 元/千克，最低收购价托市结束后，跌至 11 月 2.56 元 / 千克，12 月又涨回 2.62 元/千克；晚籼稻价格 1—5 月稳定在 2.76 元 / 千克，6—12 月在 2.76~2.70 元/千克震荡；粳稻价格由 1 月 2.98 元 / 千克震荡上涨至 8 月 3.10 元/千克后震荡下跌，截至 11 月跌至 3.00 元 / 千克，12 月又涨回 3.04 元 / 千克。1—12 月，早籼米价格在 3.88~3.92 元 / 千克波动；晚籼米价格在 4.16~4.26 元 / 千克波动；粳米价格 4.64~4.70 元 / 千克波动。

1.2 未来 10 年市场走势判断

1.2.1 总体判断

展望未来 10 年，中国稻谷产量将保持稳定。展望期间，稻谷种植面积先减后增，单产持续提高，总产量保持稳定。预计 2018 年，稻谷种植面积 2 938 万公顷，减少约 80 万公顷（1 200 万亩），单产保持一定增幅，达到 6 914 千克 / 公顷。在不发生大面积自然灾害的条件下，总产量仍将稳定在 2 亿吨以上。2020 年，中国稻谷种植面积将在产能稳定的基础上达到 4.36 亿亩（2 904 万公顷），单产提高到461 千克 / 亩（6 919 千克 / 公顷），总产量达到 20 096 万吨，稻米总消费量将保持增长。稻谷种植面积先减少后缓慢恢复性增长，并伴随短期波动，到 2027 年，稻谷种植面积约为 4.49 亿亩（2 996 万公顷），单产将提高到 477 千克 / 亩（7 150 千克 / 公顷），总产量将达到 21 419 万吨。

展望期间，中国稻米消费将持续增长。预计 2018 年口粮和饲料消费略增，工业消费出现一定幅度增长，种子用量基本持平，损耗出现一定幅度减少。展望期间，口粮消费保持增长，饲料消费和加工消费略增，种子消费和损耗略减，消费总量增加。到 2020 年，大米总消费量将达到 15 263 万吨（折合稻谷 21 804 万吨）；展望 2027 年，大米总消费量将达到 15 563 万吨（折合稻谷 22 233 万吨）。

展望期间，稻米价格将保持稳中有涨态势。预计 2018 年，稻谷价格水平将受到最低收购价调整的影响，总体比 2017 年略低，在最低收购价左右小幅波动。大米价格总体稳定，优质大米价格优势更为明显。到 2020 年，稻谷价格将受到最低收购价调整影响，大米价格优强普弱态势更加明显。此后到 2027 年，稻谷和大米价格也将保持总体稳定态势。

受到国内外价格总体水平影响，大米进口继续维持一定数量，展望前期稻米"去库存"加速，出口将会增加，进口增长速度将会放缓。预计 2018 年进口大米389 万吨，出口大米 125 万吨。此后，随着国内外大米价差缩小，进口大米的优势将会逐渐减弱。预计 2020 年进口大米约 346 万吨，出口大米 128 万吨。随着去库存的逐步推进，大米出口量将会减少。2027 年，大米进口量约为 398 万吨，出口约 80 万吨。

随着乡村振兴规划的推进，国家的质量兴农战略也会在稻米产业上贯彻实施。未来，稻米的标准化生产、品牌化培育，都会成为趋势。未来市场上将会出现更多的绿色有机稻米产品，稻谷和大米的区域公用品牌也会迅速发展，会涌现出一批稻米区域农产品公用品牌。

1.2.2 生产展望

稻谷种植面积先减后增。未来10年，中国稻谷种植面积持续增长的可能性较小，预计2018年稻谷种植面积略减至4.41亿亩（2 938万公顷），2020年将持续减少，随后在波动中缓慢上升，2027年稻谷种植面积将增至4.49亿亩（2 996万公顷）（图2-1）。当前，早稻种植利润空间已经很小，双季稻种植效益较低。因此，未来"双改单"趋势将会非常明显。由于粳稻库存较大，2018年最低收购价调整中，粳稻调低的幅度也更大，因此粳稻种植将会受政策因素而减少。随着农业供给侧结构性改革的推进，展望期间的前半段，东北地区寒地低产区粳稻面积将会逐步减少，尤其是井灌稻将会得到调整，长江流域双季稻产区籼稻面积也会减少。展望期间，稻谷播种面积将大致稳定，在部分年份间小幅波动。

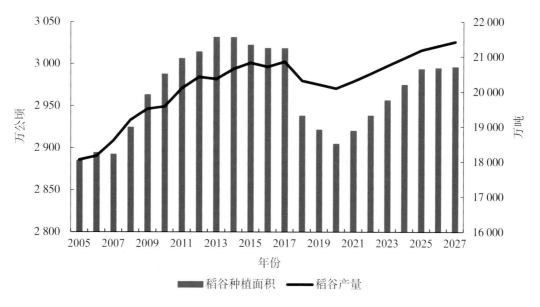

图2-1 2005—2027年中国稻谷播种面积及产量

数据来源：2005—2017年数据来源于中国国家统计局，2018—2027年数据为中国农业科学院农业信息研究所CAMES预测

单产持续增加。未来10年，中国稻谷单产将呈现稳步增长的趋势。2018年，稻谷单产预计与2017年基本保持稳定。一方面，技术不断进步，稻谷良种改善，种植技术不断创新推广，单产有增加的趋势；另一方面，稻谷优质品种种植面积扩大，一般而言，优质品种单产较低。展望期内，两方面因素将共同发挥作用。到2020年，中国稻谷单产预计达到461.27千克/亩（6 919千克/公顷）。至2027年，中国稻谷单产预期将增至476.67千克/亩（7 150千克/公顷），展望期间年均递增将在0.6%左右。

总产量基本稳定。未来 10 年稻谷产量增速下降，总产量将保持基本稳定。2018 年稻谷总产量将继续稳定在 2 亿吨以上。预计到 2020 年，中国稻谷产量将达到 20 096 万吨。至 2027 年，稻谷产量将达到 21 419 万吨，并基本保持稳定。展望期间，稻谷产量出现波动（图 2-1）。其中的主要原因是，部分年份水稻单产增加对总产量的贡献无法弥补水稻种植面积减少导致的总产量减少。实际上，2018 年水稻最低收购价较大幅度下调，将会给产业结构调整带来一定的动力，稻谷产量在一段时间内减少的可能性较大。

1.2.3　消费展望

消费需求总量增加。未来 10 年，稻米需求总量保持稳中有增态势。预计，2018 年消费总量同比增加 0.2%。预计 2020 年，稻米消费总量将达到 15 263 万吨。未来 10 年，消费总量年均增长将达到 0.4%，估计 2027 年将达到 14 993 万吨（图 2-2）。分用途看，稻谷的种子消费基本保持稳定，口粮消费略有增加，饲料消费将会有所增加，加工消费和损耗将会在展望前半段出现一定幅度的增长。

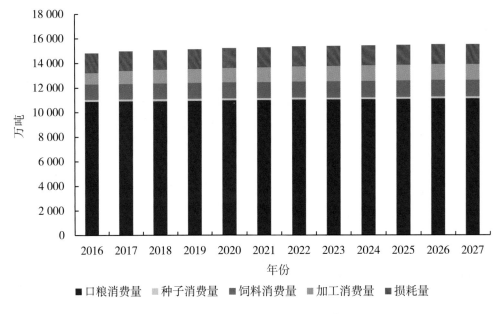

图 2-2　2016—2027 年中国稻米消费

数据来源：2016—2017 年数据来源于估计，2018—2027 年数据为中国农业科学院农业信息研究所 CAMES 预测

口粮消费量总体增加。未来 10 年，大米口粮消费持续增加。预计，2018 年大米食用消费量 10 899 万吨。到 2020 年，口粮消费量达到 10 958 万吨，展望 2027 年，中国大米的口粮消费将达到 11 116 万吨。中国人口政策调整的效果将会在未来几年显现，展望期间，中国人口将会稳定增长。而大米作为婴幼儿辅食的重要原

料，其消费将会有增加的动力。此外，中国人口众多且基数较大，大米的人均食用消费量基本保持稳定。因而，未来中国稻米的口粮消费将稳步增长，消费量总体将呈稳定增加趋势。

种子用量稳定。预计 2027 年，稻谷种子用量和损耗将略有减少。预计，2018 年中国稻米种子消费量降低至 157 万吨。到 2020 年，预计稻米种子消费量 156 万吨。预计 2027 年，稻米种子消费量基本稳定，种子用量将达到 157 万吨（折合稻谷 226 万吨）。一方面，随着稻谷优质化进程推进，常规稻用种需求增加；另一方面，杂交水稻在南方主产区的推广，种子用量优惠有所减少。两方面因素共同作用，种子用量基本稳定。

饲用消费将会有所增加。未来 10 年，稻米饲用消费和工业消费略有增加。预计，2018 年稻米饲用消费量 1 297 万吨。到 2020 年，稻米饲用消费量将达到 1 309 万吨，预计到 2027 年稻米饲用消费量将达到 1 335 万吨（折合稻谷 1 907 万吨）。由于前期政策性收购给稻谷制造了巨大的库存，当前不宜存粮食问题已经引起市场重视。由于稻米加工用途较少，不宜存稻谷的消化难度更高。饲用稻谷可能是未来不宜存稻谷的一个取向，饲用消费将会有所增加。

加工消费和损耗将会在一定时期内有一定幅度的增长。预计，2018 年中国工业消费增加至 1 129 万吨。到 2020 年，稻米工业消费量将达到 1 214 万吨。预计 2027 年稻米工业消费将增加至 1 342 万吨（折合稻谷 1 917 万吨）。稻谷工业消费增加的主要原因是不宜存粮食处理，随着生物燃料产业的推进，稻谷加工消费将会进一步增加。

1.2.4 贸易展望

大米进口有可能维持一定的规模，2018 年大米进口将继续增长。其中，进口规模主要受中国东盟自贸区协定关税及国内外价差两方面的影响。首先，关税下降导致大米进口增加。根据中国东盟自贸区协定设置的时间表，中国与东南亚国家依次建成自由贸易区，以上国家及其他东盟成员国将进口碎米关税降至 20%。因此大米进口自 2015 年以来出现了新一轮增长。其次，国内外大米价格差导致大米进口增长。中国稻米大量进口直接原因仍在于价差劣势，其中价差主要来自于单位生产成本。其中，中国大米进口主要来源地越南、柬埔寨、巴基斯坦等国家整体物价水平低于中国，其生产成本也远低于国内成本，加之上述国家地理上的便利性，向中国出口大米具有比较大的优势。东南亚各国物价水平大体相当于中国 20 世纪 90 年代中期的水平。1997 年中国籼米的年均价格为 1.31 元 / 千克，而 2017 年中国籼米的年均价格为 4.07 元 / 千克。东南亚部分国家和地区以中国 20 世纪 90 年代中期的价格水平向中国出口大米，自然有较大的价差优势。展望期间，随着国内稻谷价格形成机制的改革，国内外价格倒挂的状况会略有改善，进口增长态势有所放缓。稻米国际贸易量有限，而且如果中国进口大幅增加势必会推高国际价格，那么国内外价差将会缩小，也会一定程度上压制大米进口增长幅度。未来10年，预计国内大米出口呈先增后降趋势。2018年大米进口量达到389万吨，出口增加到125万吨。展望前期，随着稻米"去库存"加速，中国对非洲等地区大米出口有望进入快车道，然而中国大米整体出口优势不会有较大改善。2020年进口量估计为346万吨，出口量估计为110万吨。2027年，估计稻米净进口将会达到318万吨左右。

1.2.5　价格展望

2018年国家继续在稻谷主产区实行最低收购价政策。经国务院批准，2018年生产的早籼稻（三等，下同）、中晚籼稻和粳稻最低收购价分别调整为每50千克120元、126元和130元，比最高时的2015年降低15元、12元和25元。同时，国家将配套建立补贴机制，完善支持保护政策。未来的最低收购价政策改革将遵循"保留框架，增加弹性，合理调整"的原则。保留框架，即保留稻谷最低收购价政策，作为一种托底政策，让政策不启动成为常态；增加弹性，即根据国内外粮食供求形势调整最低收购价，探索灵活的、定向的收储政策；合理调整，即科学制定调整的幅度，引导种粮农民科学调整种植结构。

从长期来看，中国大米价格将总体保持平稳。一方面，作为美好生活的一部分，食物消费结构升级将带动价格上涨。具体到大米，有机绿色产品将会是需求的主要增长点。一般而言，有机绿色产品成本更高，市场需求更多，因此价格更高。另一方面，稻谷库存高企，随着去库存步伐的加快，普通大米的成本上涨空间不大，从而造成大米价格上涨缺乏"数量"上的动能。

1.3　不确定性分析

1.3.1　政策因素

2018年，国家继续在主产区实行最低收购价政策，无疑为种粮农民吃下了"定心丸"。回顾稻谷最低收购价变化的历程，2004年开始实施最低收购价政策，2008年开始保持逐年上涨，至2014年连续上涨了7年，2015年和2016年基本保持稳定，2017年首次全面降低，2018年降低幅度较大。在展望期间的前半段，没有更好的替代方案的前提下，取消稻谷最低收购价政策并不现实。2018年粳稻最低收购价下调幅度比籼稻要大一些，主要出于粮食市场供求形势、不同品种之间的政策协调性等因素考虑。未来，国家还会根据不同品种的粮食供求状况进行适当调节。

国家将加快划定粮食生产功能区和重要农产品生产保护区。这一举措，将会确保把优质耕地稳定用于粮棉油糖等重要农产品生产。其中，以东北平原、长江流域、东南沿海优势区为重点，划定水稻生产功能区 3.4 亿亩（0.23 亿公顷）。未来以划定的水稻生产功能区为载体，国家将会按照集中连片、旱涝保收、稳产高产、生态友好的要求，大规模推进高标准农田建设，健全利益补偿机制，加大财政转移支付力度，提高物质装备水平，巩固提升核心产能。这一举措为稻谷产能奠定了落实到"田头地块"的物质基础。

国家在继续实施最低收购价的同时，还会建立配套补贴政策。实际上，中国稻谷和小麦种植范围较广，各个主产区情况差异较大，即使是同一省区内成本、供求、价格、品质都难以统一划定标准，差异生产、分散经营的现实，导致种粮农民补贴发放操作困难。而且，在土地流转过程中，政府部门在生产者补贴归属方面很难做出规定，往往要靠流转双方自行协商。一般而言，实际种粮主体拿不到补贴，即使拿到补贴，也要承担抬高的地租。因此，配套补贴政策如何执行都将会影响稻谷生产，进而影响到稻米市场。

此外，去库存的措施、进出口政策调整，都会对稻谷产需带来一定的影响。

1.3.2 自然条件

农业生态突出问题的治理将影响稻谷种植面积及产品质量，其中可用于稻谷的耕地资源将可能减少。在东北地区，不合理的作物比较效益关系导致部分地区推动"旱改水"，部分农民选择种植井灌稻，对地区生态造成了潜在压力。未来，国家将会结合耕地草原河湖休养生息规划，开展一定规模的休耕轮作。在东北黑土区国家将会对"旱改水"趋势进行遏制，目前尚需井灌的水稻可能会得到有序休耕、调整，改种雨热同季的玉米、马铃薯和耐旱的杂粮杂豆；在湖南省长株潭等重金属超标的耕地重度污染区开展连续多年休耕，经检验达标前，禁止种植食用水稻；在长江中下游平原稻作区，各级农业部门还会支持发展"油菜—水稻""绿肥—水稻"等轮作模式，主动调减优化双季稻种植。

1.3.3 贸易因素

全球化进程出现了一些挫折，贸易自由化进程将会放缓。具体到大米贸易上，虽然受到的直接影响不大，但是，其他农产品甚至工业产品的贸易争端可能会延伸到大米上。国内"去库存"与对外粮食出口合作的方式也会影响到稻米市场和贸易。未来，在国内稻米供需相对宽松的格局下，国家引导市场主体，合理利用国际市场，配合"一带一路"倡议，增加对非洲国家和地区的稻米出口，将成为一段时期内的趋势，这将对稻米市场和进出口贸易产生一定的影响。

1.3.4 其他不确定性因素

在全球经济复苏的大背景下，2017 年下半年以来油价上行速度加快，通过对运输成本和工业品价格的成本传导，一定程度上推动了通货膨胀预期。而且，随着农业供给侧结构性改革的推进，2018年食品价格有望温和回升。通货膨胀预期对稻谷和大米的市场将会产生一定的影响，进而传导给生产端和消费端。

汇率因素也会影响稻谷和大米的生产与市场。美元兑主要稻米出口国的汇率将会影响大米国际价格。如果美元弱势运行，很可能造成美元计价的大米价格坚挺，若泰国大米剩余库存能及时消化，不排除走出一波上涨行情的可能。

2 小麦

小麦是中国仅次于玉米和水稻的第三大谷物，2009年以来种植面积保持在36 000万亩（2 400万公顷）以上，约占谷物总面积的25%，2017年小麦种植面积略有下降，单产水平创历史新高，产量高于上年，达到仅次于2015年的历史次高水平；小麦消费总体呈现稳中略增趋势，2017年饲用消费减少，总消费量较上年有所下降；2017年小麦价格整体呈现"先低后高"的特征，总体水平比上年小幅上涨。预计未来10年，小麦种植面积和产量先减后增，但幅度比较小，生产基本保持稳定，消费总量呈稳中有增趋势，净进口量趋于下降。预计2018年中国小麦产量为12 960万吨，消费量为12 583万吨，净进口量为352万吨，与上年相比分别减少0.1%、增加1.1%、减少2.7%；小麦产量小幅下降后回升，消费量小幅增长，进口减少，预计2020年小麦产量为12 978万吨，消费量为12 839万吨，净进口量为347万吨；2020年到展望期末，小麦产量小幅增长，消费量继续增加，净进口减少，预计2027年小麦产量为13 182万吨，消费量为13 526万吨，净进口量为266万吨，与2017年相比分别增加1.6%、增加8.7%、减少26.5%。

2.1 2017年市场形势回顾

2.1.1 小麦产量恢复性增长

小麦产量恢复性增长。2004—2015年，中国小麦产量实现"十二连增"，2016年受天气因素影响，产量和品质均有所下降。2017年，中国小麦播种面积3.60亿亩（2 398.8万公顷），与上年相比减0.8%，其中冬小麦播种面积为3.47亿亩（2 314.9万公顷），与上年相比减少1.0%，主要是由于华北地区地下水严重超采区适度调减小麦面积；由于天气有利于小麦生长，小麦单产达到361千克/亩（5 410千克/公顷），与上年相比增1.5%，为历史最高水平；小麦总产量12 977万吨，与上年相比增0.7%，为仅次于2015年的历史次高水平，其中冬小麦产量12 735万吨，与上年相比增0.9%（图2-3）。从品质来看，2017年小麦质量较上年大幅改善、容重增加、不完善粒显著下降，中等（三等）以上小麦比例明显提高。其中，河南省小麦平均容重均值 781 克 / 升，与上年相比增加 6 克 / 升；不完善粒比重为 5.3%，与上年相比下降 4.6 个百分点，中等以上小麦占 94.1%；江苏省小麦平均容重为 772 克 / 升，与上年相比增加 7.8%；不完善粒比重为 4.5%，与上年相比下降 9 个百分点，中等以上小麦占 80%。

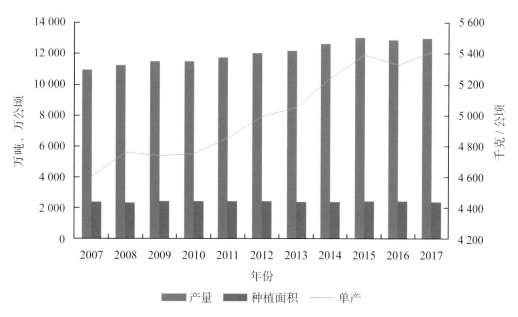

图 2-3　2007 年以来中国小麦面积、单产及产量

数据来源：中国国家统计局

2.1.2　小麦消费总量略降

2017 年小麦消费总量略减，主要是饲用小麦消费减少。2017 年中国小麦消费总量 12 441 万吨，较上年减少 245 万吨。从消费结构看，人均口粮消费减少，但人口数量增加，小麦制粉消费量 8 700 万吨，比上年增 0.6%；工业用粮 1 500 万吨，与上年持平略增；种子用粮相对稳定，约为 468 万吨；饲用小麦消费减少幅度较大，约为 1 200 万吨，比上年减少 300 万吨，主要是受到高粱、DDGS、大麦、玉米等其他饲料替代消费的影响。以玉米为例，2017 年小麦与玉米的比价为 1.64∶1，而 2016 年两者比价为 1.49∶1，小麦饲料消费优势减弱；损耗量估计为 573 万吨，比上年略减。

2.1.3　小麦价格整体高于上年

2017 年国内小麦市场价格走势"先低后高"，总体水平比上年小幅上涨，南北粮价走势均衡，"北高南低"局面改观。2017 年产区普通小麦批发价格为 2.41 元/ 千克，与上年相比涨 2.5%；优质小麦批发价格为 2.67 元 / 千克，与上年相比降0.7%。分时间段看，1—4月，小麦价格维持上年弱势行情，普通小麦批发价格保持在2.3~2.32元/千克；5月新小麦陆续上市后，由于小麦品质较好，贸易商和加工企业入市收购积极性高，加上粮库最低价小麦收购的支撑，小麦价格稳步上涨；8—9月部分地区小麦市场价格高于托市收购价格，一些最低收购价收储库点陆续停止收购；12月产区普通小麦批发价格达到2.58元/千克，比年初上涨11.7%。因2017年国内普通小麦质量普遍较好，市场主体采购积极性加大，优质麦和普通麦的价差小于上年。2017年优质麦批发价格比普通麦高0.26元/千克，与上年相比，价差减小0.08元/千克。此外，由于2017年南方小麦主产区质量明显好于上年，市场收购量大，价格上涨较快，改变了2016年小麦"北高南低"局面。

2.1.4　小麦进出口双增长

近4年来，国内优质麦销区价格持续高于配额内1%关税下国际小麦到岸价。截至2017年年底，国内优质麦销区价已经连续50个月高于国际小麦到岸税后价，为2003年以来持续时间最长的一次。2017年全年平均价差在0.79元/千克，比2016年1元/千克的水平略有缩小。在国内外小麦价差的驱动作用下，中国小麦进口量持续增加，达到2014年以来的最高水平。据中国海关统计，2017年中国进口小麦产品442.25万吨，与上年相比增29.6%；进口额10.83亿美元，与上年相比增32.7%；出口18.26万吨，与上年相比增61.9%；出口额0.85亿美元，与上年相比增38.0%。分国别（地区）看，中国小麦进口主要来自澳大利亚（占进口总量的43.1%）、美国（占35.2%）、加拿大（占11.8%）、哈萨克斯坦（占7.0%）、乌克兰（占1.3%）；出口主要目的地是朝鲜（占出口总量的44.7%）、中国香港地区（占43.4%）、埃塞俄比亚（占5.5%）、中国澳门地区（占3.0%）。

2.2　未来10年市场走势判断

2.2.1　总体判断

未来10年，中国小麦生产整体将保持稳定，面积和产量略降后趋稳，消费稳中有增，净进口量呈下降趋势，库存结余先增后减。

生产总体保持稳定。预计2018年小麦种植面积和总产量分别为35 904万亩（2 394万公顷）和12 960万吨，与上年相比减少0.2%和0.1%；预计2020年，小麦种植面积降至35 896万亩（2 393万公顷），总产量达到12 978万吨；到2027年，小麦种植面积预计为36 088万亩（2 406万公顷），比2017年增加106万亩（7万公顷），年均增长0.03%，总产量预计为13 182万吨，比2017年增加204万吨，年均增长0.16%。

消费稳中有增。预计 2018 年小麦消费量为 12 583 万吨，到 2020 年增加到 12 839 万吨，2027 年进一步增至 13 526 万吨，以 2017 年为基期，年均增长 0.87%，消费量增速总体高于产量增速。其中，口粮消费、饲料消费、工业消费将持续增长，年均增速分别达到 0.3%、3.2% 和 3.2%；种子消费和损耗量将略有下降，年均降幅分别为 0.04% 和 0.4%。

净进口量呈下降趋势。未来 10 年，随着中国农业供给侧结构性改革的不断深入，国内优质专用小麦生产将得到快速发展，加上小麦最低收购价政策调整完善，小麦市场化定价趋势明显，国内外小麦价差减小，国内小麦对进口小麦的替代作用将增强，小麦净进口将较 2017 年有所下降。预计 2018 年小麦净进口量为 352 万吨，2020 年为 347 万吨；2027 年为 266 万吨，比 2017 年减少 96 万吨，年均降幅为 2.6%。

价格先降后涨。随着中国粮食价格支持政策改革的加快推进，小麦"政策市"特征将逐渐减弱。预计未来 1~3 年内小麦市场价格将围绕最低收购价水平稳中略降，长期来看，受生产成本上涨的影响，小麦价格将稳中有涨。

2.2.2 生产展望

种植面积略降后趋稳。《全国种植业结构调整规划（2016—2020 年）》提出，中国小麦生产在稳定主产区冬小麦生产的基础上，适度调减华北地下水严重超采区小麦；适当恢复春小麦。农业农村部 2018 年种植业工作要点中强调，小麦生产要重点调减华北地下水超采区和新疆塔里木河流域地下水超采区的面积，适当调减西北条锈病菌源区和江淮赤霉病易发区的面积。预计展望期间中国小麦种植面积将呈现"略降后趋稳，结构调整优化"的局面，2020 年之前小麦种植面积稳中略降，此后面积趋于稳定，种植结构中强筋、弱筋小麦的播种面积将明显上升，传统中筋、中强筋小麦的播种面积将有所下降。预计 2018 年全国小麦播种面积为 35 904 万亩（2 394 万公顷），较 2017 年下降 0.2%；2020 年将减至 35 896 万亩（2 393 万公顷），与 2017 年相比年均略减 0.06%；2027 年略有增长，为 36 088 万亩（2 406 万公顷）水平，与 2017 年相比年均略增 0.03%，整体呈现略降后趋稳的局面（图 2-4）。

单产持续提升。预计未来 10 年，中国小麦单产能力仍有进一步提高的空间。第一，黄淮冬麦区、长江中下游冬麦区和西南冬麦区小麦发展潜力巨大，但由于沟渠设施条件差，栽培管理粗放，灾害频繁，易旱易涝。2017 年国务院出台《关于建立粮食生产功能区和重要农产品生产保护区的指导意见》，以黄淮海地区、长江中下游、西北及西南优势区为重点，划定小麦生产功能区 32 000 万亩（2 133 万公顷），加强骨干水利工程和中小型农田水利设施建设，加快灌区续建配套与现代化改造，建设一批重大高效节水灌溉工程，将有利于提升小麦核心产能。第二，栽培技术的提高和优质高产品种的研发应用，也将促进小麦增产。根据预测，2018年小麦单产预计为361千克/亩（5 410千克/公顷），2020年增至为362千克/亩（5 423千克/公顷），2027年将达到365千克/亩（5 479千克/公顷），未来10年年均增0.13%。

总产量略降后趋稳。受面积变化的影响，2020年之前小麦产量稳中略降，此后趋于稳定。预计2018年小麦总产量可达12 960万吨，与上年相比减少0.1%；2019年小麦总产量12 955万吨，与2017年相比减少0.17%；2020年恢复至12 978万吨；2027年达到13 182万吨（图2-4）。

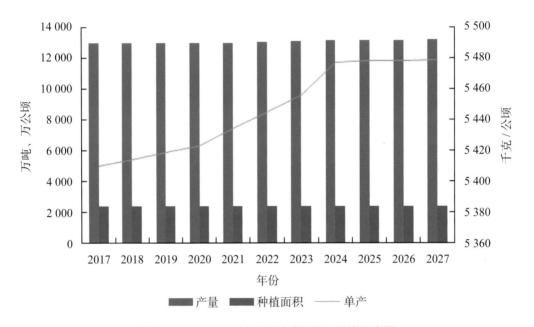

图2-4　2017—2027年中国小麦面积、单产及产量

数据来源：2018—2027年数据为中国农业科学院农业信息研究所CAMES预测

2.2.3　消费展望

未来10年，中国小麦消费整体将呈现稳中有增趋势。估计2017年小麦消费量为12 441万吨，预计2018年小麦消费量为12 583万吨，到2020年增加到12 839万吨，2027年增至13 526万吨，以2017年为基期，年均增长0.87%，消费量增速总体高于产量增速。其中，口粮消费、饲料消费、工业消费物均将持续增长，种用消费量和损耗量稳中有降（图2-5）。

口粮消费总量稳步上升。随着居民生活水平的提高，中国消费者对肉蛋奶及蔬菜等食品摄入量增加，对面粉、大米等口粮的直接摄入量呈下降态势，预计未来10年，中国人均小麦口粮消费量将稳中略降。预计中国人口在未来10年仍将保持持续增长态势，将推动小麦口粮消费总量的增长。此外，经济快速发展、城镇化率进一步提高，主要消费群体趋于年轻化将推动主食消费结构发生变化，直接家庭面粉消费量减少，而馒头、挂面、鲜湿面、速冻主食、面包、糕点等加工面制食品消费量增加。预计 2018 年中国小麦口粮消费总量将达到 8 739 万吨，2020 年将达到 8 811 万吨，2027 年将达到 8 956 万吨，未来 10 年年均递增约 0.3%。

饲用消费总体增加。小麦和玉米、高粱、DDGS、大麦等在饲料消费上具有替代性，小麦饲料消费量主要取决于小麦和玉米的比价关系。2016 年起中国取消玉米临时收储政策，实行市场定价，玉米价格逐渐回归市场，2016—2017 年玉米价格连续下跌，两年累计跌幅在 20%~30%。2016 年南方产区小麦质量较差，导致饲用消费上升，2017 年小麦质量好于上年，价格稳中略涨，小麦与玉米的比价上升，饲用消费量减少。随着中国玉米种植面积调减，新增供应量减少，加上玉米价格已跌幅较深，触及农户生产成本线，国内外价格也基本接轨，未来玉米价格持续大幅下跌的可能性较小，而 2018 年小麦最低收购价格首次下调，小麦与玉米的比价将降低，从而使得小麦的饲用消费替代量逐渐增加。但由于近年来高粱、DDGS、大麦进口量较大，部分替代了玉米和小麦的饲用消费，因此小麦饲用消费增速趋缓。2018 年中国小麦饲用消费量预计为 1 245 万吨，比 2017 年增加 45 万吨，2020 年增至 1 328 万吨，2027 年将达到 1 579 万吨，未来 10 年年均增 3.2%。

工业消费快速增长。小麦工业消费量是指用于生产淀粉、变性淀粉、谷朊粉、酒精、麦芽糖、调味品等深加工产品的数量。当前，中国已经进入工业化中期阶段，城镇化建设进程加快。从国际经验看，在这一阶段，对粮食中间需求、间接需求的增长将会超过直接需求的扩张。近年来，随着小麦加工技术的不断进步，小麦深加工工艺逐渐提高，深加工产品日趋多样化、安全化、标准化，但与发达国家和中国居民消费转型需求相比，仍然存在较大差距，因此工业消费仍是今后小麦消费的一个增长点。2018 年中国小麦工业消费量预计为 1 556 万吨，2020 年为 1 660 万吨，到 2027 年将增至 1 973 万吨，未来 10 年年均增幅约 3.2%。

种用消费量和损耗量稳中略降。未来随着中国烘干和仓储设施的改进，小麦损失率将有所降低，预计 2018 年损耗数量为 576 万吨，2020 年为 574 万吨，2027 年降至 551 万吨，比 2017 年下降 3.8%。随着小麦品种改良技术的广泛应用和小麦总播种面积的变化，预计 2027 年小麦种用消费量约为 466 万吨，比 2017 年下降 0.4%（图 2-5）。

2.2.4 贸易展望

传统上中国小麦进口主要为品种调剂，弥补国内优质强筋、弱筋等专用小麦的不足，但近年来受国内外价格持续倒挂影响，价差驱动型进口逐渐增多。据联合国粮农组织 2017 年 12 月预计，2017 年全球小麦产量 7.55 亿吨，比上年减 0.9%，但仍为历史次高水平；消费量 7.40 亿吨，比上年增 0.8%，产大于需，期末库存

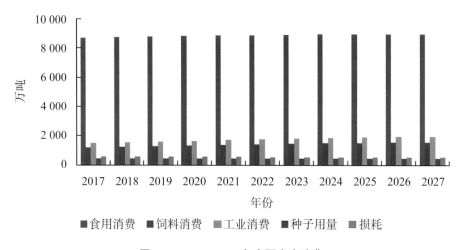

图 2-5　2017—2027 年中国小麦消费

数据来源：2018—2027 年数据为中国农业科学院农业信息研究所 CAMES 预测

2.57 亿吨，比上年增 5.2%，库存消费比 34.7%，比上年上升 1.4 个百分点，是历史较高水平。未来全球小麦供需形势较为宽松，预计中短期内国际小麦价格难以大幅上涨，国内外价差依然长期存在，从而小麦进口的驱动作用仍长期存在。长期来看，随着中国小麦供给侧结构性调整，国产小麦将逐步满足国内对专用及高品质小麦粉的需求，进而对国外高质量小麦需求的依赖程度将降低。未来 10 年，小麦贸易仍将维持净进口格局，但呈下降趋势，2018 年小麦净进口量预计为 352 万吨，比 2017 年下降 10 万吨，2027 年将减至 266 万吨，较 2017 年下降 96 万吨，降幅为 26.5%。

2.2.5　价格展望

2006 年以来国家在河北、山东等 6 个主产省（自治区）实施了小麦最低收购价政策，其中 2008—2014 年连续 7 次提高最低收购价，从 0.72 元 / 千克调高到 1.18 元 / 千克，2015—2017 价格水平一直保持不变，使得小麦价格在 2006—2014 年基本保持总体稳中有涨的态势，极大地促进了农民种粮积极性，成为保障小麦生产实现"十二连增"的重要因素。但随着国内外市场环境的变化，最低收购价政策"保供给"和"保收益"的双重目标也暴露出了一些问题。继 2016 年玉米临时收储政策取消，2017 年 2 月稻谷最低收购价格水平下调之后，为了形成合理的比价关系，2017 年 10 月小麦最低收购价下调 0.03 元 / 千克。中长期"市场定价"导向逐渐明确后，小麦"政策市"特征将逐渐减弱，在市场机制逐步发挥主导作用的影响下，预计未来 1~3 年内小麦市场价格将围绕"最低收购价"水平稳中略降，长期来看，受生产成本上涨的影响，小麦价格将稳中有涨为主，价格波动频率和幅度将增大。

2.3 不确定性分析

2.3.1 价格政策的不确定性

2014 年起，中国开始以大豆为突破口，探索"市场定价、价补分离"的改革思路，2016 年玉米临时收储政策取消，粮食价格支持政策改革的步伐逐渐加快。从 2015 年开始，稻谷最低收购价停止上调，2016 年早籼稻最低收购价格下调，2017 年早籼稻、中晚籼稻和粳稻最低收购价格全面下调，分别从 2.66 元/千克、2.76 元/千克和 3.1 元/千克下调至 2.6 元/千克、2.72 元/千克和 3.0 元/千克。从 2015 年起，小麦最低收购价停止上调，2018 年生产小麦最低收购价水平首次下调，从 2.36 元/千克下调至 2.3 元/千克。未来 10 年，小麦最低收购价政策有可能继续调整，最终建立起以市场定价为主体的粮食价格形成机制，去除最低收购价政策的"增收"功能，促进回归"保供给""保底线"的政策定位，即"托底收购、价补分离"，弥补农民种粮成本。但调整的时间和幅度仍存在很大的不确定性，这将直接影响未来小麦价格走势及生产发展。未来在调整小麦最低收购价政策的同时，建立粮食主产区利益补偿机制，综合运用价格和补贴等手段，建立起既能充分发挥市场机制作用，又能保障种粮农民收入、促进粮食生产稳定发展，既符合 WTO 规则，又符合中国国情的口粮支持政策体系。

2.3.2 气候变化的不确定性

从全球范围来看，近年来气候持续变暖伴随极端气候现象增多。受全球变暖导致的超强厄尔尼诺现象影响，2016 年中国气象条件较差，为有气象记录以来历史第三高温年份，降水最高年份。全国平均年降水量达 730 毫米，较常年偏多 16%，较 2015 年偏多 13%。高温与降水灾害频发是 2016 年小麦夏粮减产和芽麦、不完善粒、赤霉病粒、病斑粒超标等严重发生的一个重要因素。2017 年气象条件对小麦生产总体有利，但 9—10 月黄淮和长江中下游小麦产区出现大范围长时间连阴雨天气，对秋收秋种均造成不利影响，使小麦播种普遍推迟。截至 2017 年 10 月中旬，全国播冬小麦 30.7%，进度比上年慢 28.7%。在晚播地区，农民通过更换适合晚播的小麦种子，并适当增加了播种量，减小晚播对小麦产量的影响。在气候变化频繁的情况下，预计未来 10 年小麦生产面临的自然风险天气和不确定性依然很大，气象条件对小麦产量和品质的影响日益明显，市场波动也可能加剧。

2.3.3 贸易不确定性

国际小麦市场供求形势变化。近年来，全球小麦市场供需形势较为宽松，2016 年小麦产量达到 7.61 亿吨，创历史新高，2017 年受美国、加拿大、澳大利亚小麦减产的影响，总产略有下降，但仍为历史次高水平，全球小麦库存也达到了历史较高水平，因此2016—2017年国际小麦价格持续较低。未来国际小麦供求形势和价格走势的不确定性，将对国内小麦进口带来直接影响，进而影响小麦市场及生产。

汇率变化。近年来，美元汇率变化较大，未来美元汇率走势仍具有不确定性。若人民币对美元持续升值，则会导致进口小麦成本降低，国内外小麦价差进一步扩大，小麦进口增加，反之，国内外小麦价差缩小，小麦进口减少。

3 玉米

2017年是中国继续深化农业供给侧结构性改革的第二年，沿着"市场定价、价补分离"的既定改革方向，玉米产业向好发展，当年产不足需，去库存效果超出预期，玉米供给侧结构性改革取得明显成效。主要表现：一是玉米种植结构调整目标更加清晰。种植面积连续第二年减少，生产继续向优势区域集中，品种多样性更加普及，单产水平进一步提高。二是玉米市场化机制更加完善。玉米价格围绕供需关系呈现波动态势，优质、专用玉米价格止跌回升。三是玉米贸易格局发生变化。玉米出口大幅增加，玉米、高粱、DDGS进口继续减少。四是种粮农民收益保障机制逐步完善。2017年东北三省一区玉米生产者补贴比上年提前发放到生产者手中。预计2018年中国玉米种植面积将达到5.36亿亩（3 570万公顷），持平略增，产量恢复增加到2.18亿吨。展望未来10年，中国玉米种植面积和产量总体呈现稳中有降和恢复增长两个阶段。2021年玉米种植面积和产量将下降到5.12亿亩（3 413万公顷），产量2.14亿吨。展望后期，玉米种植面积将有所恢复，到2027年将恢复到5.25亿亩（3 550万公顷），产量增加到2.38亿吨。玉米消费需求呈加快增长态势，2027年中国玉米消费有望达到2.59亿吨，2017—2027年年均递增5.1%。玉米进口呈现稳中有增态势，预计2027年进口量约500万吨，出口较少，总量在10万吨左右。供求关系将实现由阶段性供大于求向供需基本平衡转变，玉米价格将随供需变化低位徘徊，预计在2021年中国玉米市场将迎来新一轮波动上行周期。

3.1 2017年市场形势回顾

3.1.1 玉米种植面积保持下降

2017年，国家继续实行"市场定价、价补分离"的机制，农户生产经营意识进一步增强，大豆、青贮玉米、马铃薯、花生、杂粮杂豆等作物种植面积增加，玉米面积连续第二年调减，玉米种植结构调整得以巩固。2017年全国玉米播种面积5.32亿亩（3 545万公顷），比上年减少7.0%。2017年玉米播种后，部分地区出现低温天气，影响了玉米前期生长，但后期气温迅速上升，且高温天气较多，特别是在玉米生长关键时期雨水充足，光温水匹配较好，同时东北局部地区因干旱推迟种植时间，收获时间较正常年景有所延后，都利于产量形成。总的看，2017 年，尽管部分主产区出现了局部灾害，但全国总体气候条件利于玉米生长，玉米长势好于上年，玉米单产 406.05 千克/亩（6 091 千克/公顷），比上年增长 2.0%，因种植面积减少，玉米产量下降到到 2.16 亿吨，比上年减少 1.7%。2017 年玉米品质分化较为突出，南方玉米籽粒较为饱满，东北玉米容重高，整体品质优于上年。但是华北、黄淮产区在玉米收割、晾晒期降雨天气频发，阴雨连绵，玉米霉变率有所增加，品质不如上年（图 2-6）。

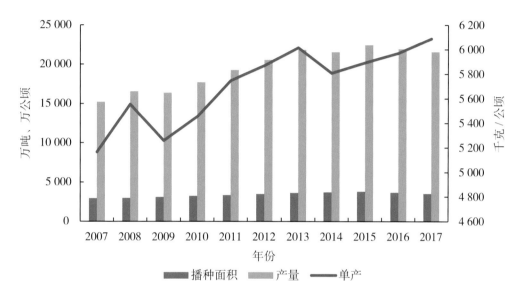

图 2-6 2007 年以来中国玉米面积、单产及产量

数据来源：2017 年《中国统计年鉴》、中国国家统计局关于 2017 年粮食产量的公告

3.1.2 玉米消费较快增长

中国玉米消费以饲用消费和工业消费为主，食用消费、种用消费和损耗在消费总量中比重小。2017 年玉米消费结构呈现"两增两减一稳定"。具体表现为饲用、工业消费增加，种用和损耗减少，食用消费相对稳定。在饲用和工业消费加快增长推动下，2017 年中国玉米消费总量达到 2.20 亿吨，比上年增长 4.0%。当年玉米产不足需，库存结余首次减少，实现了去库存的改革目标。

一是玉米饲用消费稳步增加。主要原因是生猪养殖恢复增长带动玉米饲料消费增加。2017 年尽管猪肉消费缺乏利好提振，但下半年开始原料成本增加、猪源紧张等因素带动生猪价格连续上涨，养殖利润提升，养殖户补栏积极性较高，饲料消耗加快，玉米饲用消费稳步增长。而玉米和高粱进口量减少低于大麦进口的增加量，估计进口替代玉米饲用消费在 100 万吨左右。估计 2017 年，玉米饲用消费在 1.35 亿吨，比上年度增加 286 万吨，增幅 2.2%。

二是工业消费较快增长。2017年国内玉米深加工发展较好，上半年由于原料成本下降和东北产区加工玉米每吨100~300元补贴的支撑，玉米加工企业生产经营状况明显改善，企业开工率普遍提高，玉米深加工进入生产旺季，大多数深加工企业挂牌收购新玉米的价格，同比上年高出20~80元/吨。2017年9月13日，国家发展改革委、国家能源局等十五部门联合印发《关于扩大生物燃料乙醇生产和推广使用车用乙醇汽油的实施方案》，明确了扩大生物燃料乙醇生产和推广使用车用乙醇汽油工作的重要意义、指导思想、基本原则、主要目标和重点任务。未来燃料乙醇生产将再度提振玉米工业消费，玉米工业消费将呈现较高增长态势。2017年，全国玉米淀粉加工企业平均开工率为68.9%，与上年相比上升1.4个百分点；全国酒精加工企业平均开工率63.0%，与上年相比上升9.6个百分点。预计2017年玉米工业消费在6 550万吨，比上年增加420万吨，增幅6.9%。

三是玉米食用消费基本稳定、种用消费和损耗有所下降。其中，玉米食用消费随着消费者对健康食品的偏爱稳中略升，种用消费因玉米面积调减稳中趋降，损耗受库存量下降而减少。估计2017年玉米食用消费788万吨，比上年持平略增；种用消费160万吨，比上年减少4.6%；玉米损耗996万吨，比上年减少3.0%。

总体来看，2017年中国玉米产不足需，库存结余变化比上年下降127万吨。

3.1.3 玉米总体价格水平低于上年

2017年，在市场决定价格＋政府补贴种粮农民的新机制下，各市场主体积极参与玉米收购，市场再现购销两旺格局，市场机制效果明显，年内玉米价格呈现止跌回升态势，但玉米整体价格水平仍低于上年。上半年，东北产区农户余粮持续减少，加上贸易商补充库存，用粮企业到货量缩减，部分厂家提价收粮，东北玉米价格稳中偏强；华北产区农户手中的余粮同比偏多，但贸易商收购热情高涨，用粮企业到货量不稳定，进而刺激企业提价收粮，华北黄淮地区玉米价格走势较为坚挺。下半年，由于前期拍卖成交的临储玉米陆续到货，华北地区新玉米开始收获，上市量逐渐增加，市场供应相对宽松，而且受环保整顿影响，华北地区玉米深加工企业开工率有所下降，导致国内玉米价格略有下跌。11月份以后，随着新玉米大量上市，由于新增深加工产能超出预期，各市场主体采购积极、农户惜售待涨等相互推动产区玉米价格止跌回升。2017年12月，产区平均批发价格为1 682元/吨，比年初上涨10.4%；销区平均批发价格为1 880元/吨，比年初上涨16.7%。全年产区、销区平均批发价格分别为1 628元/吨、1 800元/吨，与上年相比分别下跌9.8%、10.8%（图2-7）。

3.1.4 玉米及主要替代品进口继续减少

国内外玉米价差大幅缩小，国外玉米进口继续减少，加上中国对从美国进口的DDGS实行"双反"措施等，DDGS进口锐减。2017年，玉米进口量与上年

图 2-7 2007 年以来中国产销区平均批发价格

数据来源：根据中华粮网、中国玉米市场网、国家粮油信息中心等数据整理

相比明显减少，高粱和 DDGS 等替代品进口快速增长的势头受到明显抑制。全年玉米进口量 282.53 万吨，比上年减少 10.8%；出口量 8.52 万吨，与上年相比增 23.5 倍；净进口 274.06 万吨，比上年减少 13.4%。玉米进口主要来自乌克兰（占进口总量的 64.5%）、美国（占 26.8%）。玉米主要出口到朝鲜（占出口总量的 60.0%）、日本（占 23.5%）、荷兰（占 6.9%）。2017 年高粱、DDGS 进口量分别为 505.68 万吨、39.08 万吨，比上年分别减少 23.9%、87.3%；大麦进口 886.35 万吨，与上年相比增加 77.1%。3 种玉米替代品进口量合计为 1 713.63 万吨，比上年下降 4.2%（图 2-8）。

3.2 未来 10 年市场走势判断

3.2.1 总体判断

2017 年，围绕农业供给侧结构性改革主线，玉米生产稳中求进，种植面积进一步调减，种植结构更加优化，近两年籽粒玉米累计调减 5 000 万亩（333.3 万公顷），粮改饲面积超过 1 300 万亩（86.7 万公顷），玉米加工转化进一步提高，去库存化进程超过预期。未来 10 年，市场主导、提质增效、绿色导向是玉米产业健康发展的关键，未来 3~5 年的重点仍然是调整优化种植结构，加快玉米去库存力度。到展望后期将逐步形成按需定产模式，坚持质量第一、效益优先，全面提高玉米产业竞争力和可持续发展能力，形成玉米全产业链各环节相协调上下游均衡发展的新格局。

玉米综合生产能力不断提高。预计 2018 年玉米种植面积 5.36 亿亩（3 570 万

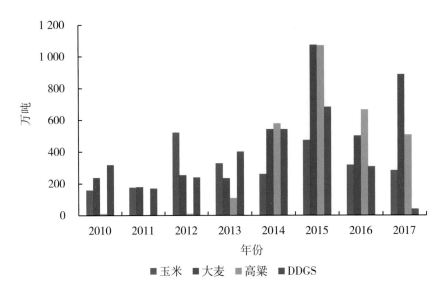

图 2-8　2010 年以来中国玉米及替代品进口情况

数据来源：中国海关

公顷 ），比上年持平略增；产量 2.18 亿吨，比上年增长 1.0%。到 2020 年，随着粮食生产功能区的建立，玉米优势区域更加集中，种植面积将进一步下降到 5.20 亿亩（3 466 万公顷），而玉米单产水平将得到较大提升，尽管玉米产量降至 2.15 亿吨，但年均减幅明显缩小。展望后期，随着玉米消费需求的增加，玉米生产将恢复增长态势，单产稳步提高将成为促进玉米生产发展的主要推动力。预计 2027 年，玉米面积为 5.33 亿亩（3 550 万公顷），比 2017 年增长 0.2%；单产 448 千克/亩（6 714 千克/公顷），比 2017 年增长 10.2%，年均递增 2.9%；产量 2.38 亿吨，比 2017 年增产 10.4%，年均递增 3.0%。

玉米消费迎来较快增长。随着经济发展和人民生活水平的提高，可再生能源的利用和绿色健康食品的需求将拉动玉米食用、饲用和工业消费保持较快增长。预计 2018 年玉米消费量将达到 2.25 亿吨，2021 年有望增加到 2.38 亿吨，2027 年进一步增加到 2.59 亿吨，未来 10 年年均递增 5.1%。

玉米进口呈现稳中有增态势。随着中国玉米市场化进程全面推进，未来 3~5 年玉米去库存化任务仍然存在，玉米价格将低位徘徊，国内外价差变化幅度呈缩小态势，玉米进口稳步增加到 300 万吨左右。展望后期玉米进口将恢复增长，到 2027 年中国玉米进口将突破 500 万吨。玉米出口将保持快速增长态势，但数量较少，超过 10 万吨的可能性不大。

玉米价格由弱转强。未来 3 年的去库存化进程将抑制玉米价格上行，预计 2018 年，国内玉米价格总体水平维持低位与上年基本持平略升，到 2020 年中国玉米市场将转为偏强运行格局。展望后期，随着玉米供求关系的转变，中国玉米价格将迎来一轮上升期。

3.2.2 生产展望

玉米生产综合效益不断提升。习近平总书记指出，新形势下农业主要矛盾已经由总量不足转变为结构性矛盾，主要表现为阶段性的供过于求和供给不足并存，提高农业综合效益和竞争力，是当前和今后一个时期我国农业政策改革和完善的主要方向。2017 年 4 月 10 日国务院出台了《关于建立粮食生产功能区和重要农产品生产保护区的指导意见》（国发〔2017〕24 号），其中的一个主要目标是力争用 3 年时间完成 10.58 亿亩（0.71 亿公顷）"两区"地块的划定任务，其中以松嫩平原、三江平原、辽河平原、黄淮海地区以及汾河和渭河流域等优势区为重点，划定玉米生产功能区 4.5 亿亩（0.3 亿公顷）（含小麦和玉米复种区 0.1 亿公顷）。2018 年中央一号文件进一步明确要加快划定和建设粮食生产功能区。2018 年 1 月 18 日，农业部《关于大力实施乡村振兴战略加快推进农业转型升级的意见》进一步明确坚持市场导向，着力调整优化农业结构；以控水稻、增大豆、粮改饲为重点推进种植结构调整。巩固玉米调减成果，继续推动"镰刀弯"等非优势产区玉米调减；继续扩大粮豆轮作试点，增加大豆、杂粮杂豆、优质饲草料等品种，粮改饲面积扩大到 1 200 万亩（80 万公顷）。尽管未来 3~5 年，去库存、降成本、补短板仍将是推进农业供给侧结构性改革的主要任务和抓手。但受政策和市场价格支撑，2017 年种植玉米的比较效益高于大豆，在粮豆轮作区农民仍然倾向种植玉米，预计 2018 年玉米种植面积将达到 5.36 亿亩（3 570 万公顷），与上年持平略增。到 2020 年，随着粮食生产功能区的建立健全，玉米种植面积将下降到 5.20 亿亩（3 466 万公顷），比 2017 年减少 1 170 万亩（78 万公顷）。2021 年，随着库存水平降低，国内玉米可能将再现供给偏紧格局，玉米生产将恢复增长，到 2027 年种植面积将继续恢复到 5.33 亿亩（3 550 万公顷）（图 2-9）。

单产水平波动上升。未来 3 年，随着粮食生产功能区的建立健全，玉米综合生产能力将得到较大提升，占玉米种植面积 85% 左右的高标准农田建设、良种良法技术、滴水灌溉技术和全程机械化推广应用等将极大提升玉米的单产水平。预计 2018 年全国玉米单产水平将继续提高到 407 千克 / 亩（6 110 千克 / 公顷），与上年相比增加 0.3%。到 2021 年，玉米单产水平将攀升到 419 千克 / 亩（6 280 千克 / 公顷）左右。展望后期，玉米市场价格恢复增长，农民种粮积极性将逐步提高，优良品种、高产栽培技术将普及应用，全程机械化水平以及"互联网 +"、物联网、云计算、大数据等技术的融合，将加快提升玉米单产水平，预计 2027 年中国玉米单产有望达到 448 千克 / 亩（6 714 千克 / 公顷），比 2017 年增加 41.5 千克 / 亩（623 千克 / 公顷），年均增 2.9%（图 2-10）。

总产先减后增。尽管最近两年中国玉米种植面积大幅调减，玉米总产呈下降趋势，但仍保持在 2 亿吨以上。预计 2018 年玉米总产量将恢复增加到 2.18 亿吨，到

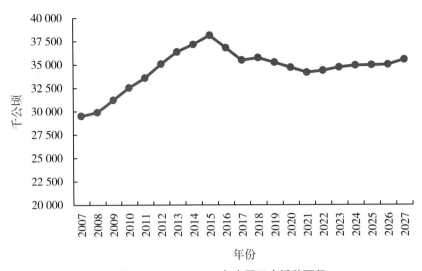

图 2-9 2007—2027 年中国玉米播种面积

数据来源：2007—2017 年数据来源于中国国家统计局，2018—2027 年数据为中国农业科学院农业信息研究所 CAMES 预测

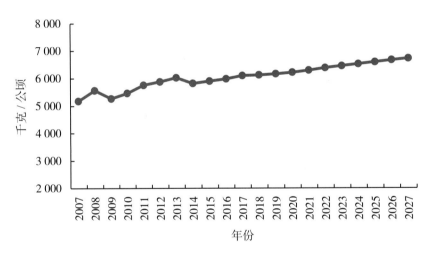

图 2-10 2007—2027 年中国玉米单产

数据来源：2007—2017 年数据来源于中国国家统计局，2018—2027 年数据为中国农业科学院农业信息研究所 CAMES 预测

2020 年将进一步降低到 2.15 亿吨，比 2018 年减少 313 万吨。展望后期，综合生产水平提升将成为玉米生产发展的主要推动力，到 2027 年，玉米总产量有望达到 2.38 亿吨水平，比 2017 年增长 10.4%，未来 10 年年均递增 3.0%（图 2-11）。

3.2.3 消费展望

消费总量保持刚性增长。展望前期，促消费去库存仍将是农业供给侧结构性改革的重要任务，国家将继续出台一系列去库存促消费政策，以提质增效为目标，

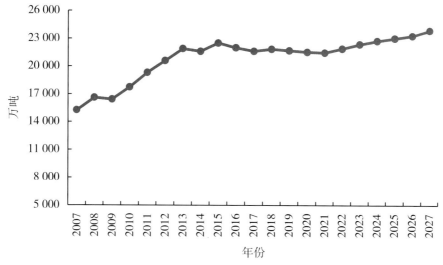

图 2-11　2007—2027 年中国玉米产量

数据来源：2007—2017 年数据来源于中国国家统计局，2017—2027 年数据为中国农业科学院农业信息研究所 CAMES 预测

压缩流通环节，引导产能向粮食主产区转移，将农产品加工业作为重点促进农村一二三产业加快融合，玉米消费呈增长态势。预计 2018 年，国内玉米总消费量将达到 2.25 亿吨，比上年增加约 475 万吨；2021 年，有望增加到 2.38 亿吨，比 2017 年增长 8.1%，5 年年均递增 1.5%。展望后期，随着玉米价格回归市场定价，下游企业的原料采购成本将有所减少，企业经营状况和盈利水平将得到进一步改善，玉米消费将转入刚性增长期。预计 2027 年，国内玉米总消费量将进一步增加到 2.59 亿吨，比 2017 年增长 17.7%，年均递增 5.1%。

食用消费稳中有增。尽管玉米在口粮中的比例较低，但随着人民生活水平的不断提高，膳食结构转型升级，对原生态健康食品需求逐步增加，玉米在城镇居民食品消费比重增加。未来 10 年，人口增加和消费结构转型升级，玉米食用消费将呈稳中略增的态势，但总量依然较少。预计 2018 年玉米食用消费量为 789 万吨，2021 年为 797 万吨，2027 年约为 812 万吨（图 2-12）。

饲料消费恢复刚性增长。过去 5 年，农业部坚持市场导向，着力调整种养殖结构，畜禽养殖规模化率提高到 56%，实现了从养殖到屠宰全链条风险监管。2018 年中央一号文件进一步明确，以调生猪、提奶业为重点推进畜牧业结构调整。继续推进规模化标准化养殖、优化生产布局、引导产能向粮食主产区、环境容量大的地区转移。推进生猪屠宰标准化创建，加强冷鲜保藏、检验检疫建设。预计生猪养殖将步入恢复增长期，其他畜禽和水产养殖仍将保持稳步增长势头，玉米饲用消费将保持刚性增长。此外，玉米替代品进口减少，也将相应增加玉米饲用消费。预计 2018 年，中国玉米饲用消费将达到 1.38 亿吨，比上年增加 286 万吨；2021 年将达到 1.44 亿吨，比 2017 年增加近 896 万吨，年均递增 1.4%；展望后期，随着畜牧

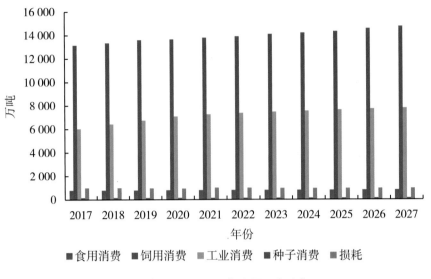

图2-12 2017—2027年中国玉米消费

业集约化、机械化、自动化水平的提高，标准化规模养殖和农牧结合养殖模式的完善，生猪生产将进一步稳定，禽肉、禽蛋生产也将呈现稳定发展态势，玉米饲用消费将进入稳定增长期，2027年将达到1.55亿吨，比2017年增加约1981万吨，年均递增3.9%（图2-12）。

工业消费将恢复较快增长。玉米工业消费是去库存的重要途径，2016年10月28日，国家能源局发布的《生物质能发展"十三五"规划》（国能新能〔2016〕291号），将生物燃料乙醇利用规模由210万吨提高到400万吨，对于加快消化库存，促进玉米工业消费都具有积极作用。2016年10月27日，国家发展改革委关于印发《全国农村经济发展"十三五"规划》（发改农经〔2016〕2257号）明确提出，促进农产品加工业转型升级，继续实施农产品产地初加工补贴政策，引导农产品加工企业向东北产区延伸，建设一批布局合理、优质稳定的规模化、标准化的农产品加工原料生产基地，降低农产品产后损失，提高商品化率和入市品级。玉米价格回归市场带来的原料成本下降，为玉米深加工业发展提供了良好的市场环境，玉米加工企业开工率将持续保持较高水平，淀粉糖、氨基酸、有机酸等精深加工产品份额将继续扩大，成为玉米深加工业新的增长点，酒精行业玉米用量也将实现较快增长。预计2018年玉米工业消费有望增加到6 778万吨，2021年将增加到7 435万吨，比2017年增长13.5%，年均递增1.9%；2027年将进一步增至8 500万吨，比2017年增长29.8%，年均增长13.5%（图2-12）。

种用消费先降后升。展望前期，随着玉米种植面积的减少，玉米种子用量相应减少。展望后期，随着玉米种植面积恢复，密植、精准播种等先进技术的推广，玉米种子用量将有所增加。预计2018年玉米种用消费量为159万吨，2021年下降到134万吨，到2027年将恢复到140万吨左右（图2-11）。

3.2.4 贸易展望

玉米进口呈现稳中有增态势。国内玉米供求关系、国内外玉米比价关系以及玉米贸易政策等都是影响玉米进口的主要因素。展望前期，国内玉米阶段性供大于求格局将对玉米进口产生持续性的抑制作用，同时随着国内外玉米价差的缩小，进口玉米利润空间将有所下降，预计2018年，中国玉米进口数量约为200万吨，与2017年相比持平略降，到2021年，进口玉米将基本维持在300万吨左右的水平。展望后期，重点要把握玉米进口的规模、节奏和时机，推进进口来源国多元化，建立长期稳定的进口渠道，适度进口玉米调剂国内市场阶段性地域性供需失衡，玉米进口将有所增长，但幅度不会很大，预计2027年玉米进口将增加到约500万吨，比2017年增加217万吨。出口方面，随着玉米种植结构优化，专用、优质、特色玉米生产将提升国内玉米出口竞争力，特别是在日本、韩国以及东南亚等周边市场，中国玉米具有地域和运距优势。展望期内，玉米出口基本维持在每年10万吨左右的水平，总体出口量很小。

3.2.5 价格展望

玉米价格由弱转强。展望前期，受玉米库存压力及阶段性供大于求压力，玉米价格将较长时间低位运行。随着市场机制逐步完善，国内外玉米市场的联动性将显著增强，国内玉米价格波动将趋于频繁，但国际市场偏松的供求格局短期内难以根本改变，将制约玉米价格波动。展望后期，国内外价格基本接轨，后期价格基本无大幅下跌空间。2018年美国玉米面积预期减少，美国农场价格有望提高，国际玉米价格将在较低价位上得到一定支撑，将对中国玉米价格走势产生影响。预计2018年，国内玉米价格总体水平将保持稳定。到2021年，随着去库存进程逐渐深入以及消费需求增长，国内玉米价格总体将走出低位震荡格局。展望后期，随着国内供求关系的转变，中国玉米价格可能由弱转强，再度进入上升周期。

3.3 不确定性分析

3.3.1 政策因素

近两年，中国深入推进农业供给侧结构性改革，玉米生产结构调整取得初步成效，玉米市场价格机制进一步完善，玉米生产和产业发展对资源配置起决定性作用。总体上市场环境和政策环境都将有利于玉米产业协调向好发展。但鉴于玉米去库存任务的艰巨性和复杂性，去库存的进度、力度和方式还存在一些不确定性，玉米生产者补贴制度刚建立尚需要完善，中国政府如何平衡好保护生产者利益、保障粮食安全与明确市场化改革方向，促进产业协调发展之间的关系，如何运用好宏观调控政策，以及政策变革的时间节点和力度等，都可能会对玉米生产者和上下游企业的市场行为产生一定影响，进而影响到玉米生产、消费和贸易，给玉米市场带来一定的不确定性。

3.3.2 气候条件

玉米是雨热同季的作物，生产受气温、光照、降水的影响大，旱灾、涝灾、台风、低温、初霜冻等都对玉米生产有直接影响。近年来，中国极端气候多发、重发、频发，玉米生产面临的气候条件复杂多变，气候的变化也增加了玉米病虫的发病率。在气候变化频繁的情况下，预计未来10年玉米市场面临的自然风险和不确定性依然很大，气象条件对玉米生产的影响将日益明显，市场波动也可能加剧。

3.3.3 其他不确定性因素

宏观经济环境变化。国际国内宏观经济环境复杂多变，中国经济发展虽已进入新常态，但也出现了一些积极因素，经济增速显露出企稳迹象，但尚不明确。若经济增速持续探底，将对玉米深加工及养殖业发展带来不小压力，若经济呈现企稳回升趋势，则无疑有利于提振玉米消费，并带动加快玉米去库存进程。

国际玉米市场变化。当前国际玉米呈供大于求格局，价格持续低迷，美国和中国两大主产国玉米面积已开始呈调减态势，但调减幅度和持续性尚不确定，尤其是美国玉米面积增减变化对国际市场影响较大，国际玉米供大于求矛盾能得到多大程度的缓解，国际玉米价格何时走出持续低迷状态，都将对国内玉米市场带来直接影响。

汇率变化。近年来，美元汇率走高趋势明显，这使得人民币对美元持续贬值，一方面使得进口玉米成本上升，客观上有利于抑制国外玉米及其替代品进口，另一方面使得以美元计价的国际玉米价格走势疲软。未来强势美元能否延续将不仅直接影响国际玉米价格走势，进而对国内玉米市场带来影响，同时也会影响中国玉米的价格竞争力。

参考文献

［1］ 国家统计局.国家统计局关于 2017 年粮食产量的公告［EB/OL］.（2017-12-08）［2018-03-08］.http：//www.stats.gov.cn/tjsj/zxfb/201712/t20171208_1561546.html.

［2］ 国家统计局.国家统计局关于 2017 年早稻产量数据的公告［EB/OL］.（2017-8-25）［2018-03-08］.http：//www.stats.gov.cn/tjsj/zxfb/201708/t20170825_1528020.html.

［3］ 彭超.价格下调后，改革如何推向纵深？［N］.农民日报，2018-2-14（3）.

［4］ 彭超.中国农业补贴基本框架，政策绩效与动能转换方向［J］.理论探索，2017（3）：18-25.

［5］ 王秀丽，孙君茂.中国小麦消费分析与未来展望［J］.麦类作物学报，2015，35（5）：655-661.

［6］ 王玉庭.中国小麦消费现状及趋势分析［J］.中国食物与营养，2010（5）：47-50.

［7］ 赵广才，等.中国小麦生产发展潜力研究报告［J］.作物杂志，2012（3）：2-6.

［8］ 农业部市场预警专家委员会.中国农业展望报告（2017—2026）［M］.北京：中国农业科学技术出版社.2017.

［9］ 程国强.2018 年小麦稻谷最低收购价面临重大调整［EB/OL］.（2017-08-02）［2017-08-04］.http：//www.xiaomai.cn.

［10］ 国务院.关于建立粮食生产功能区和重要农产品生产保护区的指导意见，国发〔2017〕24号［EB/OL］.（2017-03-31）［2018-02-08］.http://www.gov.cn/zhengce/content/2017/04/10/content_5184613.htm.

［11］ 国家发展改革委、国家能源局，等.《关于扩大生物燃料乙醇生产和推广使用车用乙醇汽油的实施方案》印发［EB/OL］.（2017-09-13）［2018-02-08］http://www.gov.cn/xinwen/2017-09/13/content_5224735.htm.

［12］ 国家统计局，中国统计年鉴 -2017，中国统计出版社；2017-10-13.

［13］ 国家发展改革委 国家粮食局.关于印发《粮食物流业"十三五"发展规划》的通知，发改经贸〔2017〕432 号［EB/OL］.（2017-3-3）［2018-03-08］http://www.ndrc.gov.cn/gzdt/201703/t20170310_840818.html.

［14］ 中共中央，国务院."关于实施乡村振兴战略的意见"［R］.中发〔2018〕1 号.

［15］ 中共中央，国务院."关于深入推进农业供给侧结构性改革加快培育农业农村发展新动能的若干意见"［R］.中发〔2017〕1 号.

［16］ 农业部.关于大力实施乡村振兴战略加快推进农业转型升级的意见［EB/OL］.（2018-02-13）［2018-03-08］http://www.moa.gov.cn/xw/zwdt/201802/t20180213_6137182.htm.

［17］ 国家发展改革委.全国农村经济发展"十三五"规划［EB/OL］.（2016-11-17）［2018-03-08］http://www.ndrc.gov.cn/xwzx/xwfb/201611/t20161117_826980.html.

［18］ 国家能源局.关于印发《生物质能发展"十三五"规划》的通知，国能新能〔2016〕291号［EB/OL］.（2016-10-28）［2018-03-08］.http://www.gov.cn/xinwen/2016-12/06/content_5143612.htm.

［19］国家统计局.关于 2017 年粮食产量的公告［EB/OL］.（2017-12-08）［2018-03-08］. http://www.stats.gov.cn/tjsj/zxfb/201712/t20171208_1561546.html.

［20］财政部，国家税务总局."关于恢复玉米深加工产品出口退税率的通知"，［Z］.财税〔2016〕92 号，2016-8-19.

［21］国家发展改革委，国家粮食局，等."关于切实做好 2017 年东北地区玉米和大豆收购工作的通知"，［Z］.国粮调〔2017〕188 号，2017-9-15.

［22］商务部.关于对原产于美国进口干玉米酒糟反倾销调查最终裁定的公告，［Z］.商务部公告〔2016〕第 79 号，2017-1-11.

［23］商务部."关于对原产于美国进口干玉米酒糟反补贴调查最终裁定的公告"，［Z］.商务部公告〔2016〕第 80 号，2017-1-11.

［24］U.S. Department of Agriculture. 'Grains and Oilseeds Outlook for 2018'，www.usda.gov/oce/forum.

第三章

油　料

1 大豆

大豆是世界上最主要的植物油和蛋白饼粕来源，也是我国进口量最大的农产品。受益于农业供给侧结构性改革政策的持续推动，在继续调减玉米播种面积的情况下，2017年我国大豆播种面积连续第二年增加。2017年，中国大豆产量1 489万吨，与上年相比增加15.1%；进口量9 554万吨，与上年相比增加14.8%；消费量10 512万吨，与上年相比增加11.7%。展望未来10年，中国大豆面积将保持恢复性增长，产量稳步增加，消费量稳中有增，进口量增加并稳定在1亿吨左右，进口增速趋缓。预计2018年，中国大豆产量为1 518万吨，与上年相比增加1.9%；消费量10 664万吨，与上年相比增加1.4%；进口量9 583万吨，与上年相比增加0.3%；国产大豆价格将基本保持稳定。预计2020年，中国大豆产量为1 559万吨，与2017年相比增加4.7%；消费量10 998万吨，与2017年相比增加4.6%；进口量9 593万吨，与2017年相比增加0.4%。到2027年展望期末，预计大豆产量、消费量和进口量将分别达到1 620万吨、1.17亿吨和1.01亿吨，较2017年分别增加8.8%、10.9%和5.7%。

1.1 2017年市场形势回顾

1.1.1 产量继续增加

受种植比较效益提高，以及生产性补贴、轮作补贴等政策影响，2017年大豆生产继续恢复。估计播种面积达到1.23亿亩（819.4万公顷），与上年相比增加13.8%；2017年大豆生长期天气状况普遍良好，与上年相比单产、品质均有提升，估计全国大豆单产121.15千克/亩（1 817.18千克/公顷），与上年相比增加1.2%，大部分产区大豆蛋白含量都达到39%以上，与上年相比提高2~3个百分点；在种植面积和单产提升影响下，估计大豆产量1 489万吨，与上年相比增加近200万吨，增幅15.1%（图3-1）。

1.1.2 消费量稳步增加

经济发展和居民生活水平提高是拉动中国大豆消费量增加的主要因素。2017年中国大豆总消费量1.05亿吨，与上年相比增加1 102万吨，增幅11.7%。其中压榨加工量占总消费量的84.7%；食用消费量占11.4%；种子用量、膨化大豆消费量及损耗等占总消费量的3.8%。2017年国民经济和社会发展统计公报显示，2017年年末我国总人口13.9亿人，比上年年末增加737万人；常住人口城镇化率为58.52%，比上年年末提高1.17个百分点。人口增加和城镇化率提高都会促进蛋

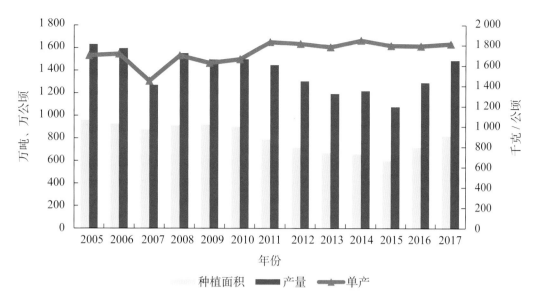

图 3-1　2005—2017 年中国大豆种植面积、单产及产量

数据来源：2005—2016 年数据来源于中国国家统计局，2017 年数据为估计数

白质和食用植物油需求增加。2017 年受饲用豆粕需求和植物油需求拉动，大豆压榨加工消费量 8 911 万吨，与上年相比增加 12.7%，仍是大豆消费中增长最快的类别。一方面，2017 年国内杂粮供应量减少，豆粕替代性消费增加。2017 年我国进口玉米酒糟（DDGS）39.08 万吨，与上年相比大幅减少 87.3%，缺口需要豆粕来补充。另一方面，2017 年全年生猪养殖利润较好，豆粕在饲料中的添加比例仍处于较高水平。再加上南方水网地区畜禽养殖业环保治污力度增加，部分散户退出后畜禽养殖业规模化发展加速，工业化饲料用量增长，拉动豆粕需求增加。2017 年大豆食用消费量 1 198 万吨，与上年相比增加 7.2%。居民收入和生活水平提高后休闲食品消费量稳步增加，人们对植物蛋白营养的重视和健康意识的提升也增加了大豆及其制品的需求。2017 年大豆种子用量 64 万吨，与上年相比基本保持稳定；膨化加工消费量 213 万吨，与上年相比增加 2.4%；大豆损耗量 126 万吨，与上年相比增加 11.5%。

1.1.3　进口大幅增加，出口减少

2017 年中国进口大豆 9 554 万吨，与上年相比增加 1 231 万吨，增幅 14.8%（图 3-2）；进口金额 397.39 亿美元，与上年相比增加 16.8%。饲用豆粕需求增加仍是拉动 2017 年大豆进口量大幅增加的主要因素。2017 年中国大豆进口主要来自 3 个国家：从巴西进口的大豆数量最多，占进口总量的 53.3%；其次是美国，占 34.4%；第三是阿根廷，占 6.9%。2017 年中国大豆消费的对外贸易依存度超过 90%。2017 年中国出口大豆 11 万吨，与上年相比减少 2 万吨，减幅 15.4%；出

口金额 9 286.86 万美元，与上年相比减少 15.3%。中国大豆主要出口至韩国、日本、荷兰、意大利、美国等多个国家，出口到上述 5 国的大豆数量占出口总量的 85.2%。

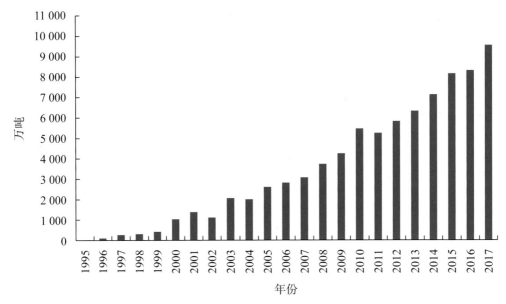

图 3-2　1995—2017 年中国大豆进口量

数据来源：中国海关

1.1.4　大豆价格总体上涨

2017 年全年黑龙江产区油用大豆价格每吨 3 597 元，与上年相比上涨 5.8%，食用大豆价格每吨 3 907 元，与上年相比上涨 2.7%；山东销区国产大豆价格每吨 4 435 元，与上年相比上涨 3.3%。2017 年大连商品交易所国产大豆期货主力合约均价为每吨 3 855 元，与上年相比上涨 4.1%。

2017 年年内大豆市场价格基本呈季节性波动（图 3-3）。2017 年年初，市场上优质大豆数量减少、供应偏紧，大豆价格持续上涨。10 月新季大豆上市前，产销区大豆价格一直高位运行。10 月新季大豆收获完毕，由于产量增幅较大，再加上 9 月 30 日储备大豆开始拍卖，大豆价格应声下跌。2017 年产区开秤价格每吨 3 700 元，较上年同期下降，且开秤后价格迅速回落。11—12 月大豆价格继续下跌。从月度价格变化看，产区大豆价格从 1 月的每吨 3 470 元上涨至 8 月的 3 740 元，涨幅 7.8%；9 月价格稳定在每吨 3 740 元；10 月大豆价格下跌至每吨 3 540 元；12 月大豆价格继续下跌至每吨 3 380 元。总体看，12 月价格较 1 月下跌 2.7%。产销区大豆价差保持在 0.2~0.5 元 / 千克，基本同涨同跌。

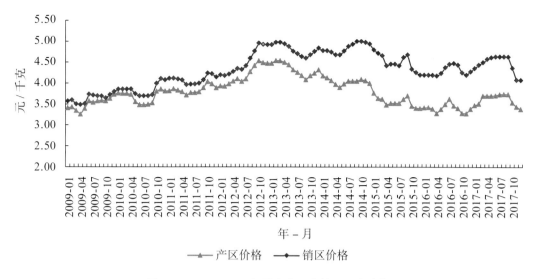

图 3-3 2009—2017 年国产大豆产销区月度价格

数据来源：中国国家农业数据中心预测

1.2 未来 10 年市场走势判断

1.2.1 总体判断

未来 10 年，我国大豆产量、消费量、进口量仍将稳步增加。生产方面，随着农业供给侧结构性改革的持续推进，大豆生产性补贴、"粮豆轮作"补贴等政策的继续实施，大豆种植综合效益将稳步提升，面积将稳步增加；技术改进推动大豆单产和品质稳步提升；大豆产量将增加。消费方面，随着城乡居民收入水平上升、城镇化率提高、人口绝对数量增加，再加上在国家扶贫攻坚政策实施带来的脱贫人口增加等因素作用下，大豆消费量仍将继续增加。进出口方面，大豆产不足需将成为未来 10 年的常态，中国大豆进口量仍将维持高位。但受国产大豆产量逐渐恢复、进口量基数大等因素影响，进口量年均增速将逐渐放缓。随着国产大豆产量增加和质量提升，中国大豆出口将会增加，预计展望期末出口量将接近 15 万吨。

1.2.2 生产展望

种植面积总体恢复性增加。在随着国家继续加大对大豆种植和大豆—玉米轮作的政策支持力度下，预计 2018 年大豆面积继续小幅增加至 12 422 万亩（828.13 万公顷），与上年相比增加，增幅 1.1%。但随着玉米"去库存"效果显现及其价格的回升，大豆、玉米种植比较收益存在反转的可能，展望期内大豆种植面积预计难以获得持续显著的增加，将稳定在 1.26 亿亩（840 万公顷）以内。预计 2020 年大豆面积将增加到 12 565 万亩（837.67 万公顷），较 2017 年增加 274.09 万亩（18.27 万公顷），增幅 2.2%。展望后期，随着补贴政策的进一步调整到位，农业供给侧结构性改革将取得重要进展，大豆种植面积将趋于稳定。预计 2027 年大豆种植面积为 12 599 万亩（839.95 万公顷），较 2017 年增加 308.32 万亩（20.55 万公顷），年均增长 0.25%（图 3-4）。

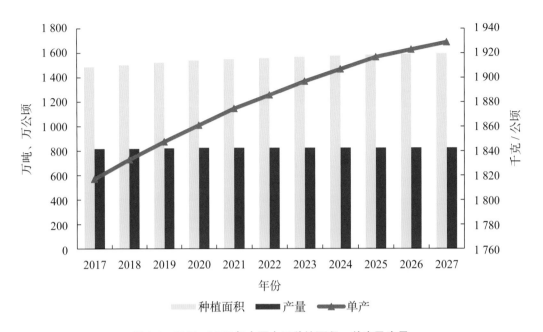

图 3-4　2017—2027 年中国大豆种植面积、单产及产量

数据来源：中国农业科学院农业信息研究所 CAMES 预测

单产稳步提升。受品种繁育技术进步、商用种使用率提高、田间管理水平提高等因素的推动，展望期内大豆单产和品质将稳步提升。预计 2018 年大豆单产 122.20 千克/亩（1 833 千克/公顷）。展望后期，有望通过品种改良、规模化种植、全程机械化生产以及水肥一体化等措施提高大豆单产水平。预计 2020 年和 2027 年大豆单产水平将分别提高到 124.08 千克/亩（1 861 千克/公顷）和 128.60 千克/亩（1 929 千克/公顷），较 2017 年分别提高 2.4% 和 6.2%。

产量继续增加。展望期内，大豆面积恢复性增加，但大豆总产量的增加将更多地依靠单产的稳步提升。预计 2018 年大豆产量 1 518 万吨，与上年相比增加 1.9%；2020 年大豆产量 1 559 万吨，较 2017 年增加 70 万吨，增幅 4.7%。展望期后 5 年，粮油作物种植结构逐步优化，大豆产量趋于稳定，增幅较为平稳，预计到 2027 年将增至 1 620 万吨，较 2017 年增加 131 万吨、增幅 8.8%。

1.2.3　消费展望

消费量稳中略增。2018 年，预计中国大豆消费量 10 664 万吨，与上年相比增加 1.4%。到"十三五"期末，即 2020 年大豆消费量 10 998 万吨，与 2017 年相比增加 486 万吨，增幅 4.6%；展望期末，即 2027 年消费量 11 653 万吨，较 2017 年增加 1 141 万吨，增幅 10.9%（图 3-5）。

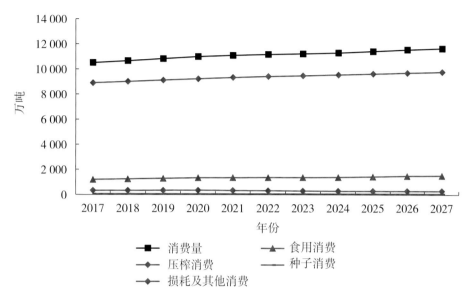

图 3-5　2017—2027 年中国大豆消费量及消费结构

数据来源：中国农业科学院农业信息研究所 CAMES 预测

压榨加工消费量增加。受肉、蛋、奶等畜禽产品消费增加带动饲用豆粕需求量增加，以及占食用植物油市场最大份额的豆油需求量增加，大豆压榨加工消费量仍将继续增加。加入世贸组织以来，我国大豆压榨产能快速扩张，到 2016 年我国大豆压榨设计产能达到 1.6 亿吨，2017 年仍在继续增加。预计 2018 年大豆压榨加工消费量 9 019 万吨，与上年相比增加 1.2%。展望期内，养殖和饲料加工行业的规模化发展，将使得大豆这一大宗的蛋白原料产品的优势继续突显，拉动大豆压榨加工量稳步增加。预计 2020 年大豆压榨加工消费量 9 235 万吨，较 2017 年增加 3.6%。展望期末，即 2027 年大豆压榨加工消费量 9 783 万吨，较 2017 年增加 9.8%。

食用消费量增加。近年来，我国大豆食品工业发展迅速，大豆食用产品更加丰富。其中豆腐、豆浆类、千张、腐乳、豆浆、腐竹、膨化豆等传统豆制品消费保持稳定，蛋白类、功能食品类、精细化工类等大豆精深加工产品消费量在逐渐扩大。随着消费者对植物蛋白营养价值的认识提高和健康饮食理念的推广，对大豆蛋白粉等大豆加工提炼的保健产品的接受度提高，企业积极研发"双蛋白""大豆多糖""大豆多肽"等新产品并投入市场，未来大豆食用消费还有进一步增长的空间。预计 2018 年中国大豆食用及食用加工消费量 1 245 万吨，与上年相比增加 3.9%。到

2020 年食用消费量 1 343 万吨，2027 年食用消费量 1 513 万吨。由于大豆食用消费量基数较小，与压榨加工消费相比增长更快一些，预计未来 10 年年均增长率为 2.2%。

种用消费量基本保持稳定。展望期内，大豆种用消费量将随着大豆种植面积和种子技术的提升而变化，总体保持稳定。预计 2018 年大豆种用消费量 65 万吨，2020 年为 65 万吨，2027 年为 67 万吨。

损耗及其他消费量小幅增加。其中，主要用作饲料的膨化大豆加工消费量会先增加后减少。大豆损耗量占消费量的 1%~1.2%。预计 2018 年大豆损耗及其他消费量 335 万吨，2020 年为 355 万吨，2027 年为 291 万吨。

1.2.4 贸易展望

进口量继续保持较高水平（图 3-6）。展望期内，受大豆需求旺盛、国内产不足需影响，大豆进口将维持高位，但由于基数大，增速较前 10 年趋缓。预计 2018 年中国大豆进口量 9 583 万吨，与上年相比增加 0.3%，2020 年大豆进口量 9 593 万吨，2027 年大豆进口量为 10 102 万吨，未来 10 年，平均增长率为 0.59%，远低于上个 10 年的 10.97%。

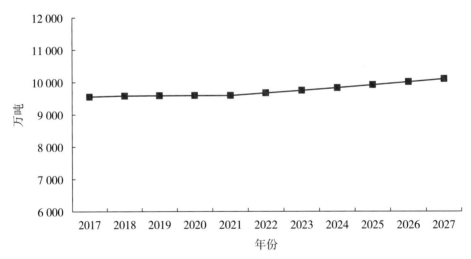

图 3-6　2018—2027 年中国大豆进口量

数据来源：中国农业科学院农业信息研究所 CAMES 预测

出口稳中略增。中国食用大豆出口仍有比较优势，考虑到日韩和东南亚等国家和地区的食用习惯，出口到这些国家还有潜力。预计 2018 年中国大豆出口量 12 万吨，较上年增加 11.2%，2020 年出口 13 万吨，2027 年出口 15 万吨。未来 10 年年均增长率为 2.8%。

1.2.5 价格展望

展望期内，美国、巴西、阿根廷等主产国大豆种植面积预计将保持稳定，全球大豆供应将稳定在一定水平。随着中国及东南亚国家经济发展和人民生活水平的提高，其蛋白饲料原料和植物油的需求也相应增加，全球大豆需求将稳定增长。展望2018年，国际油价运行重心继续上移，全球经济企稳回升将提振大宗商品价格，国际大豆价格将延续底部抬升的趋势，但受庞大的全球库存量压制，预计大幅上涨的可能性不大。展望后期，全球大豆面积将继续保持稳定，国际大豆价格将更多地受主产国大豆生长期天气和汇率变动的影响。展望2018年，国内大豆产量将继续增加，临储大豆库存仍将继续拍卖，受供应量增加压制国内大豆价格将总体保持稳定。展望后期，随着土地、水资源等自然要素趋紧，大豆产量将逐步稳定在一定水平，而食用需求还将继续稳定增加，大豆价格受到支撑。随着生产经营转基因食品标识制度的完善，预计到展望期后5年，国产大豆价格将稳中有涨。

1.3 不确定性分析

1.3.1 自然条件

大豆生长期如受到干旱、洪涝、霜冻等天气影响，将会造成产量波动，如果影响严重将扰动市场价格。近年来，全球气候变暖、厄尔尼诺 - 拉尼娜现象周期性频发，对全球大豆主产区的农业生产带来极大影响。近年来国内黑龙江、内蒙古[①]等大豆主产区气候异常频繁发生，阶段性旱涝、雷雨、大风、冰雹等天气灾害都将影响大豆生产，造成市场价格波动。

1.3.2 政策因素

党的十九大报告提出实施乡村振兴战略，要求"坚持农业农村优先发展，按照产业兴旺、生态宜居、乡风文明、治理有效、生活富裕的总要求，建立健全城乡融合发展体制机制和政策体系，加快推进农业农村现代化"。2018年中央一号文件提出"乡村振兴，产业兴旺是重点""质量兴农、绿色兴农"。大豆产业关系国计民生，也是东北冷凉地区的主要作物。未来大豆产业将继续受到中央及主产区各级政府的关注。2018年我国耕地轮作休耕试点将继续扩大到 2 400 万亩（160 万公顷），比上年翻了一番，此后每年将按照一定比例增加，同时地方也可自主开展轮作休耕，到 2020 年将达到 5 000 万亩（333 万公顷）以上。这些政策的落实情况将影响我国大豆产业。

---

① 内蒙古自治区简称内蒙古，全书同

1.3.3 贸易因素

大豆是全球贸易量最大的农产品，贸易因素对国际大豆供求和价格的影响越来越突出。2017年以来全球贸易保护主义倾向抬头，农产品贸易摩擦时有出现，市场担忧中美大豆贸易受到影响。从2018年开始，中国对美国进口大豆开始实施更严格的质量控制标准，对杂质含量高于1%的美国进口大豆将加强检验。此外，美国对进口自阿根廷和印度尼西亚的生物柴油征收反补贴税和反倾销税也将影响抑制进口，增加其国内大豆需求，进而影响美国大豆价格。全球贸易战风险逐渐上升将可能引发商品、资本市场波动，需要关注和警惕。

1.3.4 其他不确定性因素

大豆是全球大宗商品，其价格将受全球经济走势的影响。我国是国际上最大的大豆进口国，从资本市场角度看，各主要出口国的货币政策和汇率政策是影响大豆贸易的不确定性因素。从生产技术角度看，杂种优势利用、分子设计育种、高效制繁种等种业技术的研发和创新，可以促进大豆产业发展，我国大豆生产技术的进步还存在巨大潜力。

2 油籽和油籽产品

中国是全球最大的食用油籽和食用植物油消费国，同时也是最大的食用油籽进口国。2017年，中国油料[①]种植面积、产量均小幅增加。食用油籽[②]、植物油消费量继续增长。食用油籽、食用植物油贸易规模显著增加。食用植物油供给充裕。未来10年，中国油料作物总产量稳中有增。2018年油菜籽产量减少1.6%，花生产量减少5.6%，其他油料产量总体趋稳。展望期间，油菜籽产量总体保持稳中有增，花生产量波动增长。2020年和2027年，油料产量分别达到3 660万吨和3 800万吨左右，2027年，油菜籽、花生产量分别达到1 280万吨和1 896万吨，较基期分别增加2.4%和6.0%。消费方面，2020年和2027年，中国食用油籽消费量将分别达到1.44亿吨和1.52亿吨左右，至2027年油菜籽、花生消费量将分别为1 726万吨和1 840万吨，较基期分别增加3.2%和6.2%；食用植物油消费量约3 400万吨，较2017年增长4.6%，年均增长率为0.3%。由于国内产需缺口较大，2027年食用油籽进口超过1.06亿吨。

---

① 与《中国统计年鉴》口径保持一致，油料统计中不包含大豆
② 考虑到进口大豆主要用于油用，食用油籽消费和贸易量统计中包含大豆

2.1 2017 年市场形势回顾

2.1.1 油料产量总体稳定

油料产量稳中略增。2017 年中国油料产量估计为 3 732 万吨，与上年相比增加 2.8%（图 3-7）。其中，油菜籽播种面积估计为 9 539.5 万亩（636 万公顷），单产估计为 131 千克／亩（1 965 千克／公顷），总产量估计为 1 250 万吨，与上年相比减少 15.9%；花生播种面积估计为 7 368 万亩（491 万公顷），与上年相比增加 3.9%，单产估计为 243 千克／亩（3 640 千克／公顷），产量估计为 1 788 万吨，与上年相比增加 3.4%。

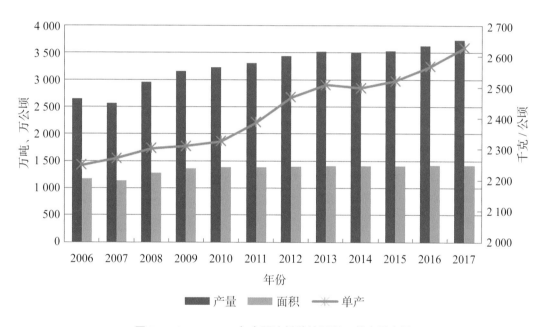

图 3-7 2006—2017 年中国油料种植面积、单产及产量

数据来源：2007—2016 年《中国统计年鉴》，2017 年数据为估计数，统计不含大豆

2.1.2 食用植物油供给增加

中国食用植物油供给小幅增加。中国国产食用油籽压榨量约 4 094 万吨，产油 1 005 万吨，与上年相比增加 7.1%；大豆、油菜籽、芝麻、葵花籽、亚麻籽等进口食用油籽主要用于榨油，产油 1 731.8 万吨，与上年相比增加 15.1%，占 2017 年食用植物油新增供给量[①] 的 52.2%，与上年相比增加 1.6 个百分点。

2017 年，为补充国内油脂供给、加快推进去库存，中国继续拍卖临储国产菜

---

① 食用植物油新增供给量包括国产食用油籽榨油、进口食用油籽榨油和直接进口食用植物油

籽油，此轮拍卖至 3 月 8 日结束。1—3 月，累计进行了 8 次拍卖，共计成交储备菜籽油 79.08 万吨。从新增食用植物油构成来看，2017 年中国压榨豆油、菜籽油、花生油产量分别占食用植物油新增供给的 49.7%、18.0% 和 8.1%，合计达 75.7%。

2.1.3 食用植物油消费继续增长

中国食用植物油消费继续增长。2017 年，中国经济保持 6.9% 的稳步增长速度，同时城镇化率进一步提高至 59.52%。在经济增长和人口结构变动等因素综合影响下，2017 年中国食用植物油消费增长至 3 250 万吨，与上年相比增加 2.2%。从消费结构来看，大豆油仍是中国居民食用植物油消费的首要种类。2017 年，受国际市场大豆价格低位运行，中国大豆进口量创下历史新高，豆油压榨供应量显著增加，并对菜籽油、棕榈油市场形成一定替代。中国食用植物油消费中，豆油、菜籽油、棕榈油和花生油分别约占 53.5%、18.7%、9.3% 和 8.5%。

2.1.4 油料价格走势分化，食用植物油价格年内普遍走低

中国油料市场价格走势分化。2017 年，由于国产油菜籽供给总体偏紧，加之临储菜籽油陆续出库、库存水平明显偏低，有力支撑了国产油菜籽现货市场价格。在国际市场油菜籽价格频繁波动的背景下，国产油菜籽价格走势总体稳中有涨。全年油菜籽收购均价为 5.2 元 / 千克，同比上涨 24.6%。这是我国自 2015 年取消油菜籽临时收储政策以来，油菜籽收购年度均价首次高于临时收储价格，收购价格的走高及企稳在很大程度上有利于恢复国产油菜的生产积极性。2017 年，受产量连续增加，供给总体充裕影响，花生价格先抑后稳。全年收购均价为 7.3 元 / 千克，同比下跌 6.4%。

食用植物油价格年内普遍下跌，年度均价同比不同程度上涨。2017 年，天津 24 度棕榈油到港月均价 12 月比 1 月下降 20.1%，全年均价为 5 863 元 / 吨，与上年相比上涨 2.0%；山东四级豆油出厂月均价 12 月比 1 月下降 20.3%，全年均价为 6 134 元 / 吨，与上年相比下跌 1.6%；山东一级花生油出厂月均价 12 月比 1 月下跌 4.3%，全年均价为 14 327 元 / 吨，与上年相比上涨 5.6%；湖北四级菜籽油出厂月均价 12 月比 1 月下降 1.1%，全年均价为 6 716 元 / 吨，与上年相比上涨 4.0%。

2017 年，国内外油籽食用植物油内外价差仍存。国际市场油籽油脂价格总体低于国内，国内外油菜籽价格持续倒挂，价差不断扩大；国内豆油价格低于进口豆油到岸价格。1—12 月，9% 关税下的加拿大油菜籽到我国口岸的税后均价为 3.9 元 / 千克，比国内油菜籽进厂价低 1.3 元 / 千克，价差较上年同期扩大 0.70 元 / 千克；美国墨西哥湾豆油离岸价为 4.90 元 / 千克，比国内销区豆油价格低 0.88 元 / 千克；山东进口豆油税后价 6.44 元 / 千克，比当地国产豆油出厂价高 0.30 元 / 千克。

2.1.5　食用油籽、植物油贸易规模恢复性增加

食用油籽贸易规模显著增加。进口方面，2017 年，中国累计进口食用油籽 1.02 亿吨，进口额 430.2 亿美元，与上年相比分别增加 13.94% 和 16.16%。其中，大豆继续保持第一大进口油籽地位，进口量再创新高，达到 9 552.6 万吨，与上年相比增加 13.84%。油菜籽是第二大进口油籽，进口量呈现恢复性增长，达到 474.8 万吨，与上年相比增加 33.2%。特色油料进口量增减不一，芝麻和亚麻籽进口规模显著减少，进口量分别为 71.2 万吨、33.98 万吨，与上年相比分别减少 23.6%、28.4%；葵花籽进口大幅增加，至 12.2 万吨，与上年相比增加 57.73%。此外，进口花生 25.35 万吨，与上年相比减少 44.72%。出口方面，2017 年，中国累计出口食用油籽 110 万吨，出口额 16.4 亿美元，与上年相比分别增加 25.9%、15.2%。其中，花生、芝麻继续保持一定的出口优势，出口花生 52.5 万吨，出口额 9.8 亿美元，与上年相比分别增加 27.5%、21.1%；出口芝麻 4.08 万吨，与上年相比增加 36.8%，出口额 0.78 亿美元，比上年相比增加 29.7%；出口葵花籽 40.96 万吨，与上年相比增加 38.4%，出口额 4.67 亿美元，比上年相比增加8.1%。

食用植物油贸易规模小幅增长。2017 年，中国累计进口食用植物油 581.3 万吨[①]，与上年相比增加 4.5%，进口额 45.7 亿美元，与上年相比增加 8.8%。棕榈油仍是中国进口第一大油脂，受菜籽油拍卖入市影响，棕榈油进口规模明显缩减。2017 年，进口棕榈油 316 万吨，与上年相比减少 26.8%。进口豆油 65.3 万吨，与上年相比增加 16.6%；进口菜籽油 75.7 万吨，与上年相比减少 14.1%；进口花生油 10.7 万吨，与上年相比增加 8.2%；进口葵花籽油和红花油 74.5 万吨，同比减少 22.1%。2017 年中国食用植物油累计出口 20.2 万吨，与上年相比增加 75.5%，出口额 2.36 亿美元，与上年相比增加 49.5%。其中，出口豆油 13.3 万吨，与上年相比增加 64.5%，出口额 1.388 亿美元，与上年相比增加 55.8%；出口菜籽油 2.1 万吨，与上年相比增加 3.4 倍，出口额 0.19 亿美元，与上年相比增加 2.5 倍；出口花生油 0.85 万吨，与上年相比减少 10.0%，出口额 0.2 亿美元，与上年相比减少 17.1%。

2.2　未来 10 年市场走势判断

2.2.1　总体判断

中国油料生产保持稳中有增。短期来看，2018 年中国油料面积、产量小幅下

---

① 不包括棕榈硬脂，平衡表中也将棕榈硬脂从食用植物油中剔除

降。其中，由于比较效益总体偏低，油菜籽播种面积继续略减，但考虑到主要产区气象条件总体良好，油菜籽单产保持增加，产量稳中略减。2017年中国花生收购价格持续走低，部分产区春播花生种植意愿显著下降，2018年花生种植面积、产量预计均下降。芝麻、向日葵等小品种油料受益于比较收益相对较高，面积、产量总体趋稳。2020年，受益于单产提高以及机械化水平的提升，油料产量有所恢复，总产量达到3 660万吨，其中油菜籽、花生产量分别约为1 257万吨和1 798万吨。2027年油料总产量将达3 800万吨，较基期增加1.8%，其中油菜籽、花生产量分别约为1 280万吨和1 896万吨，较基期分别增加2.4%和6.0%。国产油料压榨食用植物油稳中有增，2020年为1 046.3万吨，2027年预计将达到1 086万吨，较基期增加48万吨，增幅4.7%。

消费总量稳中有增、结构进一步优化。未来10年，尽管中国人口增速放缓，但人口总量稳步增加；加之中国经济稳步增长，城乡居民收入水平进一步提高，将带动中国食用植物油消费总量继续保持稳中有增趋势。从消费偏好和结构趋势来看，随着健康消费理念进一步普及，消费者对食用植物油消费的多元化、品质化和健康化需求特征愈加明显，体现在消费种类增多、人均消费量相对可控。基于此，从中长期来看，中国油料、食用植物油消费将保持总量稳中有增，但增速放缓；结构日趋多元，特色小品种类别如葵花籽油、油茶籽油等小品种植物油消费量增加；人均食用植物油消费总体稳定。2018年国内食用植物油消费总量预计为3 320万吨，2020年约为3 330万吨，2027年将达到3 400万吨左右，未来10年年均增长率为0.3%，远低于过去10年4.1%的年均增速。

油料价格形成机制趋于完善，中国部分油料与国际市场价格走势分化特征延续。展望期内，中国油料价格形成机制日趋完善，部分对国际市场依赖程度较高的油籽如油用大豆、芝麻、葵花籽和亚麻籽等受国内外市场供需形势影响显著。但中国油菜籽基于用途和产品特色的差异化特征，有望与国际市场保持两个市场两种价格走势趋势。

进口量总体继续增加。尽管中国油料生产保持稳中有增趋势，但与食用植物油消费增长相比，仍存在较大的产需缺口，特别是随着消费结构升级，未来中国食用植物油及油料结构性缺口特征在中长期将逐渐显现。2018年食用油籽进口稳中略增，2020年为10 270万吨左右，2027年为10 800万吨左右。其中，2027年大豆进口量将增加到10 101万吨，油菜籽进口量将增至500万吨，食用植物油进口量则会下降到484万吨。

2.2.2 生产展望

油料种植面积略有增加。展望未来10年，中国农业供给侧结构性改革进一步推进，短期内部分重要农产品如玉米、水稻等种植结构面临调整。受种植结构调整以及农作物比较效益等因素综合影响，中国油料种植面积略有增加。短期内，预计 2018 年油料种植面积小幅下降。其中，油菜种植面积缩减 1.2%；花生种植面积缩减 5.8%。2017 年中国花生上市以来，收购价格持续下跌，截至 2018 年 3 月，部分农户手中仍有花生尚未售出，受价格低迷、农户收益大幅降低影响，新年度花生种植意愿显著下降。预计 2020 年油菜、花生种植面积将分别为 9 450 万亩（630 万公顷）、7 220 万亩（481 万公顷）；2027 年将分别达到 9 480 万亩（632 万公顷）和 7 435 万亩（496 万公顷），较基期分别减少 0.6% 和增加 0.9%。

油料单产稳步提高。与世界油料主产国相比，中国油料单产水平还有一定增长空间。一是在国家现代农业产业技术体系建设推动下，油菜、花生、芝麻、向日葵、胡麻等产品有望通过品种改良、栽培防控技术集成等，进一步提高单产水平。二是在提倡适度规模化种植以及适宜耕种收的机械研发与推广应用下，油料生产效率将稳步提高、单位成本将进一步下降。预计 2018 年油菜籽和花生单产稳中有增；2020 年分别约为 133 千克 / 亩（1 995 千克 / 公顷）、249 千克 / 亩（3 735 千克 / 公顷）；2027 年分别达到 135 千克 / 亩（2 025 千克 / 公顷）和 255 千克 / 亩（3 825 千克 / 公顷），较基期分别增加 3.0% 和 5.1%。

产量稳中有增。基于油料播种面积基本稳定，单产稳中有增，未来 10 年，油料总产量将稳中有增。其中，葵花籽、芝麻、亚麻籽、红花籽等小品种食用油籽在需求带动和比较效益提升影响下，产量将有所增加。中国食用植物油产量总体稳定。预计 2018 年油料产量减少 3.2%，至 3 614 万吨。其中，油菜籽产量减少 1.6%，花生减少 5.6%。2020 年油料产量约 3 660 万吨，其中油菜籽、花生产量分别为 1 257 万吨、1 798 万吨。2027 年油料产量达 3 800 万吨，较基期增加 1.8%，其中油菜籽、花生产量分别达到 1 280 万吨和 1 896 万吨，较基期分别增加 2.4% 和 6.0%。预计 2027 年国产油料压榨食用植物油 1 086 万吨，较基期增加 4.7%。

2.2.3 消费展望

食用油籽消费增加，消费结构多元化特征更加明显。未来 10 年，受经济稳步增长、人口增加、城镇化推进等因素综合影响，中国食用油籽及植物油消费将呈稳中略增态势。预计 2018 年国内三大主要食用油籽[①] 消费量（不含进口油脂折算成食用油籽，下同）为 1.39 亿吨，与上年相比持平略增。其中，大豆、油菜籽、花生消费将分别达到 1.07 亿吨、1 630 万吨和 1 615 万吨，与上年相比分别增加 1.4%、减少 2.6% 和 5.5%；2020 年食用油籽消费量有望达到 1.44 亿吨，其中，大豆、油菜籽、花生消费量分别为 1.1 亿吨、1 675 万吨、1 720 万吨；2027 年食用油籽消费量预计为 1.5 亿吨左右，较基期增加 9.4%，其中，大豆、油菜籽和

---

① 包含大豆、油菜籽和花生

花生的消费量将分别达到1.16亿吨、1 726万吨和1 820万吨，较基期分别增加11.7%、3.2%、6.2%，未来10年年均增长率分别为1.0%、0.6%、1.3%。

食用植物油消费总量增加但增速放缓。尽管经济增长和人口增加带动食用植物油消费总量增加，但随着健康消费理念的普及以及对食用植物油多元化、优质化和理性化消费需求的趋向更加明显，食用植物油人均年消费量将总体稳定，食用植物油消费增速放缓。2027年食用植物油消费预计将达到3 400万吨左右，较基期年增加4.6%，年均增速为0.3%。未来10年，中国食用植物油消费结构逐步升级。突出体现在：棕榈油在未来食用植物油消费中占比将趋于下降；中国国产菜籽油依靠非转基因、浓香、风味等产品特色以及相对稳定的消费区域和消费群体，将继续保持相对稳定的市场，高品质菜籽油如芥花油等消费量有望增加；其他食用植物油中，尽管亚麻籽油、芝麻油、米糠油等消费规模总体偏小，但随着多元化、优质化消费需求增加，特色食用植物油消费量也将呈稳中有增趋势。未来预计2027年，中国食用植物油消费中，豆油、菜籽油、花生油和棕榈油所占比重分别为52.8%、19.8%、10.6%和8.1%。

2.2.4 贸易展望

受产需缺口影响，近年来中国食用油籽进口量不断创下新高。未来10年，基于中国油料生产趋势、油籽和食用植物油消费趋势，中国将继续对国际市场保持较高的依赖程度，仍将继续利用国际市场油料、油脂调剂国内供需余缺。

短期内，受作物种植比较效益低下、机械化程度总体偏低影响，国内油料产需缺口仍较突出，仍需要从国际市场进口油料和食用植物油填补产需缺口。种植业结构调整背景下，玉米播种面积减少，中国油料播种面积有望增多，国内产需缺口增幅将放缓。中长期来看，随着中国油料作物品种改良、机械化水平提升，油料单产生产成本将有所下降，油料作物综合生产效率以及竞争力将不同程度提高。但受资源约束、油菜产能恢复缓慢以及关联产业如养殖畜牧业对蛋白粕产品的需求，中国油料进口量仍将呈增加趋势，但增速将逐渐放缓，食用植物油进口增速也将放缓乃至逐渐减少。

未来10年，预计大豆、油菜籽的进口量年均增速将逐渐降低。2018年中国食用油籽仍保持较大规模进口量。其中，大豆进口9 583万吨，油菜籽进口450万吨；2020年，食用油籽进口10 270万吨左右，其中，大豆、油菜籽进口量分别9 593万吨、470万吨；2027年食用油籽进口超过1.06亿吨，其中，大豆、油菜籽进口量分别为1亿吨和500万吨，中国仍将保持食用油籽高度依赖进口的态势。此外，特色油料中芝麻、亚麻籽以及油用葵花籽产需缺口仍较大，进口量将继续增加。食用植物油方面，受世界棕榈油价格走低影响，2018年中国食用植物油进口预计为570万吨左右，2027年将降至484万吨。

2.2.5 价格展望

未来 10 年，基于中国主要油料（大豆、油菜籽和花生等）收储制度全部完成改革、价格形成机制日趋完善，加之中国油籽油脂进口保持高位，中国与国际市场油籽油脂价格关联性进一步增强。对国际市场依赖程度较高的部分油料、食用植物油价格受国际价格走势影响较大；部分产品与国际市场形成鲜明的差异性，如油菜籽，将继续保持两个市场、两种价格走势。

油菜籽。2015 年中国油菜籽收储政策调整以来，油菜籽市场价格形成机制日趋完善。中国国产油菜籽为非转基因，压榨出的菜籽油在色泽和香味上与进口菜籽有一定的区别，加之国内外油菜籽成本差异较大，2016 年、2017 年以来，国内外油菜籽价格已形成差异较大的走势，突出表现为国内价格显著高于国际市场价格，国内、国外两个市场、两种走势的格局已经形成。2018 年，中国油菜籽价格将继续与国际市场保持差异化走势。尽管国内油菜籽价格处于较高水平，但油菜种植比较效益仍然偏低，秋冬种油菜籽面积总体以稳为主，略有减少。由于储备菜籽油仍有部分将于 2018 年拍卖出库，受此影响，中国油菜籽价格短期内会略有波动，但总体仍处于较高水平。

花生。受较高收购价格和比较收益影响，近 3 年来中国花生面积和产量持续增加，供给压力逐年增大。2017 年花生价格受供给宽松影响出现下降。2018 年，玉米种植面积调减背景下，花生供给仍将延续宽松格局，花生价格走势以震荡为主。未来 10 年，在生产成本持续走高影响下，基于中国花生市场相对独立，花生价格保持波动走高趋势。

特色油料。芝麻、葵花籽和亚麻籽是中国的特色油料，随着中国经济稳步增长、人均收入水平提高，居民消费结构升级趋势明显。未来 10 年对特色油料和食用植物油的消费需求稳步增加。3 种油料作物对国际市场将继续保持较高的依赖程度，其中随着芝麻和亚麻籽进口量增加，未来价格走势受国际市场，特别是主要进口国油料价格走势影响较大。中国油用葵花籽需求缺口较大，进口葵花籽油将继续保持高位，油用葵花籽价格走势将与国际市场保持高度关联。

2.3 不确定性分析

未来 10 年，国际和国内的一些不确定因素将对中国油料供需造成影响。主要包括全球气候变化、世界主要油料生产及贸易国政策变动、世界石油价格、美元汇率变动等。

2.3.1 气候因素

全球气候变化是影响中国及全球油料生产的首要因素。近年来，全球范围内气候频繁变化，2016 年、2017 年受厄尔尼诺气候影响，全球棕榈油供应偏紧，影响全球油料油脂价格大幅波动。2017 年 11 月，中国国家气候中心、澳大利亚气象局以及美国气候预测中心不同程度上调拉尼娜发生概率，显示拉尼娜气候仍有较大发生概率，将对南美大豆生产和东南亚棕榈油生产造成一定影响，进而影响全球油籽和油脂产量及价格走势。作为油料进口大国，国际市场油料供需和价格变动将直接影响中国油料油脂市场的稳定。

中国近年来也多发极端天气，在油料生长关键期南方持续多雨寡照、集中暴雪以及北方持续干旱等天气频发，影响油料生长与产出，给中国油料供给与价格走势带来不确定性影响。

2.3.2　政策因素

国际方面，全球油料主要生产和贸易国政策变动是影响中国油料油脂市场的重要因素。其中，美国、巴西、阿根廷等大豆主产国，马来西亚、印度尼西亚等棕榈油主产国，欧盟、加拿大等油菜籽主要生产贸易国的生产及贸易政策的变化都将通过国际市场传导影响中国市场。如马来西亚、印度尼西亚近年来频繁调整棕榈油出口关税对世界棕榈油贸易和价格形成产生明显影响。未来主要油料油脂生产贸易国的政策走向都会给中国油籽及油脂市场带来未知影响。

国内方面，作为全球油料贸易中最大的进口国，中国油料产业相关政策的调整也会对供需形势产生相应的影响。2017 年 4 月，《国务院关于建立粮食生产功能区和重要农产品生产保护区的指导意见》（国发〔2017〕24 号）明确提出要建立重要农产品生产保护区。划定重要农产品生产保护区 2.38 亿亩（0.16 亿公顷）[与粮食生产功能区重叠 8 000 万亩（533.33 万公顷）]。其中，涉及油料和油籽（大豆、棉籽）的包括"以东北地区为重点，黄淮海地区为补充，划定大豆生产保护区 1 亿亩（0.07 亿公顷）[含小麦和大豆复种区 2 000 万亩（133.33 万公顷）]；以新疆为重点，黄河流域、长江流域主产区为补充，划定棉花生产保护区 3 500 万亩（233.33 万公顷）；以长江流域为重点，划定油菜籽生产保护区 7 000 万亩（466.67 万公顷）[含水稻和油菜籽复种区 6 000 万亩（400 万公顷）]。相关农产品生产保护区划定后将有利于提高地区内农产品综合生产能力，国产油籽产出的变化也会对产需缺口及进出口贸易带来一定影响。

2.3.3　其他不确定性因素

国际市场，一方面，世界各国生物柴油的发展计划以及动向面临较大的不确定性；另一方面，原油价格走势面临着除供需形势以外的政策因素、美元走势以及地缘政治因素等影响，同样也具有较大的不确定性。

国内方面，未来人民币汇率走势的变化也是影响中国油料市场的不确定因素之一。人民币汇率走势将对中国油料油脂进口贸易成本以及规模产生一定影响，进而影响到油籽油脂的贸易规模。

参考文献

［1］ 2018 年耕地轮作休耕试点规模翻番，拟安排 50 亿资金支持［EB/OL］.（2018-02-23）［2018-03-08］. http://www.yicai.com/news/5401543.html.

［2］ 殷瑞锋，杜宇，包立华 . 东北新豆上市 增收余地有多大［N］. 农民日报，2017-11-06.

［3］ 黑龙江省人民政府办公厅关于印发黑龙江省玉米和大豆生产者补贴工作实施方案的通知，黑政办规〔2017〕13 号［EB/OL］.（2017-07-12）［2018-03-08］. http://www.hlj.gov.cn/wjfg/system/2017/07/11/010837595.shtml.

［4］ 国家统计局 . 中华人民共和国 2017 年国民经济和社会发展统计公报［EB/OL］.（2018-02-28）［2018-03-08］. http://www.gov.cn/xinwen/2018-02/28/content_5269506.htm.

第四章

棉　花

中国是全球最大的棉花消费国，也是全球重要的棉花生产国和贸易国，棉花产业在国民经济和社会发展中占有重要地位。2017年棉花供给侧改革深入推进，棉花生产格局深度调整。2017年，中国棉花种植面积估计为5 025万亩（335万公顷），产量589万吨，消费量822万吨，进口量110万吨。展望期内，棉花种植面积和产量将会下降，棉花品质将在市场机制作用下进一步提升，预计2018—2027年中国棉花种植面积将从4 920万亩（328万公顷）下降到4 560万亩（304万公顷），产量从570万吨下降到500万吨；棉花消费稳中趋降，中国棉花消费量预计将从822万吨下降到650万吨，减少20.9%；棉花进口逐渐增加，库存水平更加合理。预计到2027年中国棉花进口量将为150万吨，较2017年增长36.4%；棉花价格将与国际市场接轨。

1 2017年市场形势回顾

1.1 种植面积和产量双增长

受益于棉花价格恢复和棉花比较效益提高，2017年中国棉花种植面积大幅增加。2017年中国棉花播种面积为5 025万亩（335万公顷），较上年增加8.1%。2017年棉花生产期内，新疆、黄河流域光温条件较好，雨量适中，病虫害轻度发生，棉花生产条件总体适宜，尤其新疆棉区生产条件是近年来最好的一年。黄河流域棉区的河北、山东部分地区后期温度偏高，引起棉花早衰，产量受到一定的不利影响。长江流域生产条件一般，部分地区遭受了强降雨，影响棉花长势，但总体影响有限。全国棉花平均单产117.2千克/亩（1 758千克/公顷），较上年提高13.1%。棉花产量589万吨，与上年相比增加22.2%。

1.2 消费需求略有恢复

2017年全球经济缓慢复苏，纺织品服装消费回稳向好，纺织品服装出口较上年有所增加。据中国海关统计，2017年中国纺织品服装累计出口2 669.5亿美元，与上年相比增加1.5%。目标价格改革后国内外棉花价格联动性增强，棉纱生产能力回流国内，纺纱量持续增长。据中国国家统计局数据，2017年中国累计纺纱量4 050万吨，与上年相比增加5.6%。2017年国内棉花供应充足，棉纱进口量与上年度基本持平，全年进口棉纱198.4万吨，与上年相比增加0.6%。棉纱进口主要以巴基斯坦低支纱和越南、印度等中高支纱为主。

1.3 价格稳中有涨

2017年中国棉花市场整体需求较旺，供给充足，棉花价格稳中有涨。2017年国内3128B级棉花均价为每吨15 925元，与上年相比上涨18.3%。受2016/17年度国内棉花产量下降，质量较好，国储棉质量难以满足市场需求等因素影响，2017年上半年国内棉价整体维持在较高水平。7月以后，受新年度棉花增产预期增强、国储棉投放顺利和抛储时间延长、国际棉花增产明显、国际棉花供需宽松等因素影响，棉花价格有所下降。

1.4 内外价差波动明显

2017年，国际棉价受经济形势影响呈"N"字形波动，先上涨后下跌再上涨。国内棉价稳中有涨，内外棉价差呈现先缩小后扩大再缩小态势，波动明显。1月，进口棉花1%关税下折到岸税后价每吨14 692元，比国内价格低1 091元。4月，美国棉花出口增加和美元指数下跌导致国际棉价上涨，而国内棉价稳中略降，内外价差大幅缩小至380元。5月后，国内棉价相对稳定，进口棉花价格受主要产棉国增产影响大幅下跌，内外价差扩大。10月价差拉大至每吨3 027元。11月以后，随着国际棉花价格上涨，内外棉价差又有所缩小。12月进口棉1%关税下折到岸税后价每吨14 224元，比国内价格低1 566元（图4-1）。

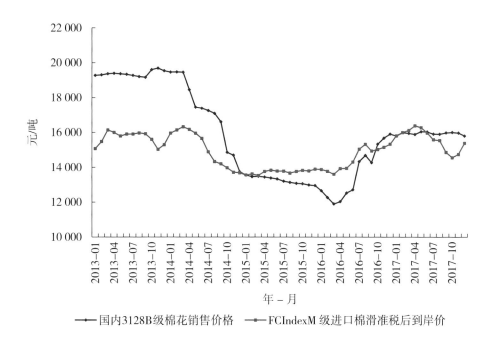

图4-1　2013—2017年国内外棉花价格走势

数据来源：中国棉花信息网

注：国内价格是中国国内3128B级棉花价格，国际价格是1%关税下FCIndex M级进口棉到岸价

1.5 进口继续保持低位

2017年国家继续收紧滑准税配额发放，棉花进口保持低位，但由于国内高品质棉花供不足需，高品质棉花进口增长较快。据中国海关统计，2017年1—12月

中国累计进口棉花115.3万吨，同比增28.9%。其中，美国、澳大利亚、印度、乌兹别克斯坦和巴西是中国主要的棉花进口国，进口量分别占进口总量的43.8%、22.4%、9.7%、8.1%和5.8%（图4-2）。

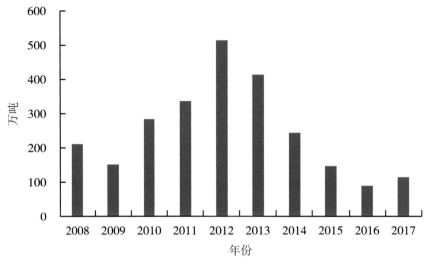

图 4-2　2008—2017 年中国棉花进口量

数据来源：中国海关

1.6　去库存效果明显

2017年储备棉投放从3月6日启动，储备棉挂牌供应量充足。但从初期成交结果看，新疆棉成交率高，内地棉大量流拍，储备棉抛储的品质结构与市场需求之间出现一定的矛盾。后期国家及时调整了储备棉抛储规模和结构，较好地满足了市场需求。2017年8月31日原定的储备棉抛储结束后，针对国内棉花需求有较大缺口、棉花价格上涨势头较猛等特点，国家又发布延长储备棉抛储时间到9月30日，市场恐慌情绪得到有效缓解。截至9月30日储备棉累计成交322万吨，成交比例74%。其中，新疆棉成交183万吨，内地棉成交139万吨，平均成交价格为每吨14 754元，成交平均价格折标准级（3128B）价格为每吨15 951元。

2　未来10年市场走势判断

2.1　总体判断

棉花种植面积和产量将会下降。展望期内，受比较效益下降、生产成本提高等因素影响，中国棉花面积和产量均呈下降趋势。棉花品质将向纺织行业需求靠拢，整体品质稳步提升。2027年中国棉花播种面积预计为4 560万亩（304万公顷），较2017年下降9.3%；产量预计为500万吨，较2017年下降15.1%。

中国棉花消费量将呈波动下降趋势。未来由于劳动力成本的上升，中国纺织服装的出口竞争力将明显下滑，纺织行业向外转移速度将明显加快。同时由于化纤对棉花的替代性以及棉纱进口的替代，中国棉花消费将会呈波动下降趋势。考虑到中国棉纺织行业的产业基础对消费量的支撑，以及国内居民服装消费稳中略涨，支撑中国一定的棉花消费水平。2017—2027年，中国棉花消费量预计将从822万吨下降到650万吨，减少20.9%。

中国棉花进口量将呈先增后稳态势。中国棉花年度产需缺口仍然较大，在未来1~2年中国国储棉数量降至正常水平后，预计进口将成为中国棉花年度供需缺口的重要补充渠道，未来棉花进口仍将保持较稳定的规模。中国纺织产业的低速发展以及亚洲竞争国家纺织产业的发展，将压缩未来中国棉花进口量。预计到2027年中国棉花进口量为150万吨，较2017年增长36.4%。

在中国消化储备棉期间，中国国内棉花价格受政府抛储的价格影响较大，棉花价格将窄幅波动。长期来看，中国棉花价格将与国际同步波动，价格主要由供求关系决定并与国际市场同步波动。

2.2 生产展望

展望期间，在土地和水资源等约束趋紧的背景下，伴随着用工成本上升，棉花生产进入高成本时代，同时由于国内外市场联动性增强，棉花生产面临的市场风险进一步增大，预计中国棉花面积将稳中趋降。2017年中央一号文件明确提出棉花目标价格政策进一步调整完善，新疆棉区2017—2019年补贴政策明确，调动了棉农生产积极性，稳定了生产预期。长江和黄河流域棉区受棉花补贴政策尚不明确，植棉收益低于预期等因素影响，预计将继续呈萎缩趋势。据农业农村部市场预警分析团队的种植意向调查，2018年中国棉花播种面积为4 920万亩（328万公顷），较2017年减少1.2%；2020年为4 875万亩（325万公顷），较2017年减少3.0%；2027年为4 560万亩（304万公顷），较2017年减少9.3%（图4-3）。

中国棉花单产稳中略降、品质有所提升。未来10年，中国棉花单产将下降6.5%，棉花品质向绒长和强度等符合纺织企业需求方向提升。当前中国棉花单产已经处于世界较高水平，2017年达到117.2千克/亩（1 758千克/公顷）。未来随着棉花供给侧结构性改革的推进，棉花生产将向更加满足消费需求的方向发展，长期以来单纯追求高衣分的现象将有所改变，关注点向绒长、强度等纺织企业关注的品质方面转移，从而将会影响单产。另外，机采棉大面积推广是必然趋势，机采棉的推广也对单产的增加产生不利影响。展望期间是中国棉花转型升级的关键时期，棉纺行业进入提高质量、提升产业层次的发展阶段，将进一步倒逼中国棉花加快品质改良的进程。在供给侧结构性改革的推进下，中国棉花种植模式、单产和品质将发生较大变化。预计2018年中国棉花单产115.9千克/亩（1 739千克/公顷），较

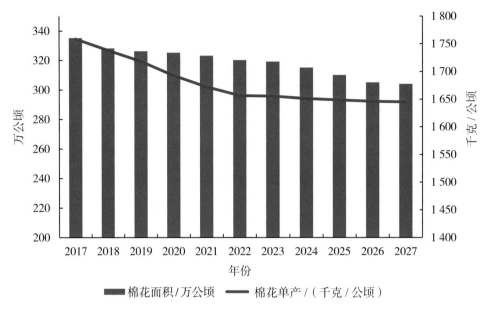

图 4-3　2017—2027 年中国棉花播种面积和单产

2017 年下降 1.2%；2020 年为 112.8 千克 / 亩（1 692 千克 / 公顷），较 2017 年下降 3.7%；2027 年为 109.6 千克 / 亩（1 644 千克 / 公顷），较 2017 年下降 6.5%。

中国棉花生产向新疆产区集中的趋势更加明显。由于 2014 年以来棉花目标价格补贴政策仅针对新疆实施，棉花生产的布局继续偏重新疆。此外，从中国棉花未来的发展方向看，机械化是必然之路，内地棉区因规模小、种植模式复杂，不具备大规模推广机械化的条件。在劳动力成本刚性增长的背景下，内地棉区棉花生产将进一步萎缩，但后期由于轮作需求、农民种植习惯等会逐渐趋于稳定。

中国棉花产量总体下降。预计 2018 年中国棉花产量为 570 万吨，较 2017 年下降 3.2%；2020 年为 550 万吨，较 2017 年下降 6.6%；2027 年为 500 万吨，较 2017 年下降 15.1%。

2.3　消费展望

棉花消费呈波动下降趋势。由于近年来劳动力成本上升造成产业转移，中国棉花消费量基本保持在千万吨以下的水平上。未来由于国内居民服装消费稳中略涨、服装出口增长速度下降、化纤对棉花的替代增强、纺织行业向外转移的速度加快以及棉纱进口的替代，中国棉花消费将会呈波动下降趋势。但成熟的棉纺织产业基础、中国城镇化率的提高以及产业竞争力的增强将支撑中国一定的棉花消费水平。2018 年中国棉花消费量预计为 820 万吨，较 2017 年下降 0.2%；2020 年预计为 780 万吨，较 2020 年下降 5.1%；2027 年为 650 万吨，较 2017 年下降 20.9%（图 4-4）。

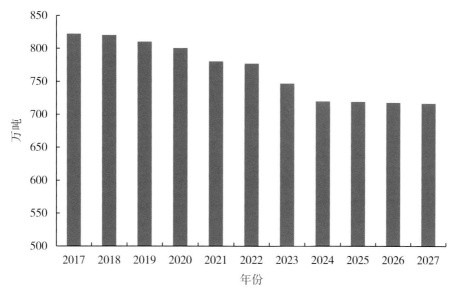

图 4-4　2017—2027 年中国棉花消费量

2.4　贸易展望

展望期间，中国棉花进口量将呈先增后稳态势。中国棉花产需缺口仍然较大，在未来 1~2 年国储棉数量降至正常水平后，考虑到国内棉花产量的下降和对高品质棉花的需求，进口棉将成为中国棉花供需缺口的重要补充渠道，棉花进口量呈现稳步增长态势。中长期内，中国纺织产业的低速发展以及亚洲竞争国家纺织产业的发展，将压缩未来中国棉花进口量，但良好的纺织产业基础将支撑对进口棉的需求，未来中国棉花进口仍将保持较稳定的规模。预计 2018 年中国棉花进口量为 120 万吨，较 2017 年增长 9.1%；2020 年为 160 万吨，较 2017 年增加 45.5%；2027 年为 150 万吨，较 2017 年增长 36.4%（图 4-5）。

从进口来源看，高等级棉花仍然是进口的重点，因此中短期内，美国、澳大利亚将是中国最重要的进口来源国。随着印度棉花产业政策的完善、亚非其他国家棉花生产能力的提高，来自印度、乌兹别克斯坦、巴西以及非洲一些国家的棉花进口也将有所增长。

展望期间，中国棉花出口规模不会有明显改观，出口目的地仍然以亚洲周边国家和地区为主。

2.5　价格展望

中国棉花价格短期内受政府抛储政策的影响，长期将主要由供求关系决定。中国实行棉花目标价格补贴试点政策后，市场在棉花价格形成过程中起决定性作用，棉花价格完全由供求、成本等因素决定，受国际市场影响较大。但短期内，在中国消化储备棉期间，中国国内棉花价格受政府抛储的价格影响较大，棉花价格将窄幅

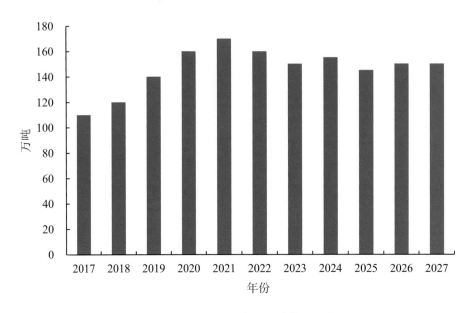

图 4-5　2017—2027 年中国棉花进口量

波动。长期来看，随着市场化进程推进，在中国棉花"两头在外"产业格局的影响下，棉花价格将主要由供求关系决定并与国际市场同步波动。

3　不确定性分析

3.1　政策调整

棉花补贴政策的调整将对中国棉花产业发展产生较大影响。2017 年起新疆棉花目标价格调整周期由 1 年改为 3 年，增加了政策的稳定性预期，但内地棉区补贴方案尚未出台。内地省份棉花生产支持政策的调整将极大影响长江流域、黄河流域两大棉区的植棉面积。中国棉花政策受 WTO 规则约束，展望期内中国棉花产业的支持政策和市场调控政策如何调整，存在极大的不确定性。

3.2　技术因素

未来中国棉花生产水平、加工方向，将受到技术因素的约束。一是棉花种植技术的改变。随着人工成本的上升，机采棉对手采棉的替代逐渐加快。机采棉在减少棉花生产总成本的同时，又存在着降低棉花产量、影响棉花品质的问题。如何提高机采棉的质量、机采棉推广的速度和范围将对未来中国棉花产业产生重要影响。二是涤纶短纤、黏胶短纤对棉花的替代。化纤技术的进步使得具有各种优势性能的短纤产品不断出现，能源价格的下行又使得短纤相比棉花具备更大的价格优势，随着技术的改进和消费习惯的改变，未来棉花需求量存在明显缩减的可能。三是生物技术的应用。抗虫棉的应用为中国棉花产量的提升发挥了重要作用，提升产量、改良品质、降低棉花生产成本等高产、优质、高效目标的实现有赖于以生物技术为主导的技术进步和成果应用，但科技创新的水平和成果推广应用的速度取决于多条件的集成作用，这些方面依然存在不确定性。

3.3 自然灾害

气象因素的不确定性将对棉花供给产生明显影响。2017 年，新疆地区棉花生产条件是近些年最好的一年，对实现棉花增产提供了重要保障。未来随着中国棉花生产进一步向新疆集中，棉花生长关键期的大风、寒潮、冰雹、高温等天气状况均可能影响棉花产量与品质，新疆自然灾害对中国棉花产量的影响将更为明显，生产波动的概率提高，产业的稳定性值得担忧。

参考文献

［1］ 农业部市场预警专家委员会.中国农业展望报告（2017—2026）［M］.北京：中国农业科学技术出版社，2017.

［2］ 李哲敏，等.目标价格改革试点对棉花市场的影响分析［J］.中国农业资源与区划，2017（10）：87-91.

［3］ 翟雪玲，李冉.价格补贴试点与政策匹配：例证棉花产业［J］.改革，2015（10）：89-100.

［4］ 翟雪玲，原瑞玲，许国栋.供给侧改革背景下中国棉花生产成本收益分析及国际比较［J］.中国棉花，2017（11）：1-7.

［5］ 翟雪玲，原瑞玲.2016年中国棉花市场形势分析及2017年展望［J］.农业展望，2017（4）：10-14.

［6］ 喻树迅，范术丽，王寒涛，等.中国棉花高产育种研究进展［J］.中国农业科学，2016（18）：3465-3476.

第五章

糖　料

食糖是重要的工业原料和必需的生活用品，其主要原料是甘蔗和甜菜，作为世界上少数既种植甘蔗又种植甜菜的国家之一，中国的食糖产量、消费量、进口量均居世界前列，在国际食糖市场中的地位十分重要。2017年，中国食糖产量929万吨，与上年相比增加6.8%；消费量1 490万吨，与上年相比减少2%；进口量229万吨，与上年相比减少38.6%。预计2018年，中国食糖产量、消费量、进口量将呈现"三量齐增"，分别达到1 030万吨、1 500万吨和320万吨，与上年相比增加10.9%、0.7%和39.7%，国内食糖价格有下行风险。此后，中国食糖产量将稳中略增，消费量总体趋增，食糖进口持续增长，食糖价格波动较大，到2027年预计食糖产量、消费量、进口量将分别达1 191万吨、1 832万吨和730万吨，较2017年增长28.2%、23%和218.8%。

1 2017年市场形势回顾

1.1 产量恢复性增长

2017年，中国食糖产量结束了连续两年减少的局面，实现恢复性增长。根据中国糖业协会数据，2017年中国糖料种植面积2 094万亩（139.6万公顷），与上年相比减少41万亩（2.7万公顷），减幅1.9%，其中，甘蔗种植面积1 837万亩（122.5万公顷），与上年相比减少106万亩（7.1万公顷），减幅5.5%；甜菜种植面积256万亩（17.1万公顷），与上年相比增加64万亩（4.3万公顷），增幅33.3%。2017年中国食糖产量929万吨，与上年相比增加59万吨，增幅6.8%，其中，甘蔗糖产量824万吨，与上年相比增加39万吨，增幅5%；甜菜糖产量105万吨，与上年相比增加20万吨，增幅23.5%。中国食糖产量实现恢复性增长的主要原因在于糖料单产提高导致入榨量增加。根据中国糖业协会的统计，2017年中国甘蔗平均单产4.12吨/亩（61.8吨/公顷），甜菜单产3.68吨/亩（55.2吨/公顷），同比分别增加0.1吨/亩（1.5吨/公顷）和0.09吨/亩（1.35吨/公顷）；加工糖料7 801.6万吨，同比增加283.1万吨。从结构上来看，甘蔗糖在中国食糖生产中仍占据主导地位（88.7%），但随着北方甜菜种植规模的迅速扩大，甜菜糖的比重也不断上升，由2016年的9.8%上升到2017年的11.3%，增加了1.5个百分点。

1.2 消费稳中略降

2017年中国食糖消费量1 490万吨，与上年相比减少了30万吨，减幅2%，结束了连续4年的持续增长势头。食糖消费量的减少主要是由于受到低价淀粉糖的竞争，部分食糖消费市场被淀粉糖挤占；加之轻甜快消产品趋于流行，食糖消费市场有所疲软。

从消费结构上看，仍以工业消费为主，但民用消费占比提升。2017 年中国食糖工业消费量 879 万吨，与上年相比减少 48 万吨，减幅 5.2%，其在中国食糖消费中的占比由 2016 年的 61% 下降到 2017 年的 59%；民用消费 611 万吨，与上年相比增加 18 万吨，增幅 3%，其在中国食糖消费中的占比由 2016 年的 39% 提升至 2017 年的 41%。

1.3 价格快速上涨

2017 年，国内食糖年度均价 6 570 元 / 吨，同比每吨涨 1 113 元，涨幅 20.4%。价格上涨的原因是多方面的：一是虽然国内食糖产量增加、消费减少，但受食糖进口量大幅减少的影响，国内食糖供需缺口同比扩大，为糖价上涨提供了有力支撑。二是作为制糖主要原料的甘蔗收购价提高，导致制糖成本增加，推动了糖价上涨。据统计，2017 年甘蔗平均收购价格 497 元 / 吨，同比每吨增加了 49 元。三是国际糖价同比上涨，为国内价格上涨创造了空间，2017 年国际食糖均价 17.39 美分 / 磅，同比上涨 5.3%（图 5-1）。四是国内宏观调控力度进一步加强，有效维护了国内食糖市场秩序，提振了行业信心。糖价上涨带动行业效益增加，根据中国糖业协会的统计，2017 年中国制糖行业销售收入 658.2 亿元，实现利润 32 亿元，农民种植糖料收入比上一年增加 38.5 亿元。

图 5-1 2012—2017 年国内外食糖价格比较

数据来源：农业部糖料市场预警小组监测数据

注：2013 年 9 月之前国际食糖价格为泰国进口糖到岸税后价，之后为巴西进口糖到岸税后价

1.4 食糖进口大幅减少

2017 年，中国进口食糖 229 万吨，同比减少 144 万吨，减幅 38.6%；出口

12 万吨，同比减少 3 万吨，减幅 20%。进口来源国以巴西、古巴、泰国为主，分别进口了 93.64 万吨、43.12 万吨和 29.61 万吨，占中国食糖进口总量的 40.9%、18.8% 和 12.9%。食糖进口量大幅减少的原因，一是商务部于 2017 年 5 月 22 日发布 2017 年第 26 号公告，裁定进口食糖数量增加与中国食糖产业受到严重损害之间存在因果关系，决定对关税配额外进口食糖征收保障措施关税，此举提高了食糖进口成本，削弱了进口糖的竞争力；二是食糖自动进口许可管理等政策继续实施，从而有助于规范市场主体进口行为，调控食糖进口总量与节奏。

2 未来 10 年市场走势判断

2.1 总体判断

产量稳中略增。短期来看，国内食糖价格和糖料收购价格的上升有助于提高糖农种植积极性，增加糖料种植面积和食糖产量，预计 2018 年中国糖料种植面积和食糖产量分别为 2 184 万亩（145.6 万公顷）、1 030 万吨，分别比上年增加 4.3% 和 10.9%。长期来看，中国糖料作物种植面积有望保持基本稳定，栽培技术的进步和基础设施条件的改善助力单产提升，中国食糖产量实现小幅增长，预计 2020 年食糖产量 1 063 万吨，较 2017 年增长 14.4%；2027 年为 1 191 万吨，较 2017 年增长 28.2%。

消费量总体趋增。短期来看，食糖价格的高位运行将削弱其市场竞争力，对食糖消费产生一定的抑制作用，预计 2018 年中国食糖消费量 1 500 万吨，与上年相比基本持平。长期来看，人口规模持续增长、城镇化加快推进、经济发展不断提升等因素将拉动中国食糖消费增加，预计 2020 年食糖消费量 1 587 万吨，较 2017 年增加 6.5%；2027 年为 1 832 万吨，较 2017 年增加 23%。

食糖价格波动较大。短期来看，国内食糖产不足需、贸易保障措施继续实施等因素为糖价提供了一定支撑，但期货市场看空情绪增加，2018 年国内糖价面临一定下行压力。长期来看，由于国内食糖价格受到国际糖价、供需形势、主产国政策等多重因素的影响，国内食糖价格上涨空间将会受到抑制并有较大波动。

食糖进口持续增长。短期来看，国内食糖产不足需，对进口食糖存在刚性需求，预计 2018 年进口食糖 320 万吨，比上年增加 39.7%。长期来看，由于中国食糖产需缺口和国内外食糖价差仍将持续，中国食糖进口将保持高位，预计 2020 年中国食糖进口量 422 万吨，较 2017 年增加 84.3%；2027 年为 730 万吨，较 2017 年增加 218.8%。

2.2 生产展望

种植面积基本稳定。预计 2018 年中国糖料种植面积 2 184 万亩（145.6 万公顷），与上年相比增加 4.3%，主要是由于糖料收购价格处于历史较高水平，糖农种植意愿较强，糖料种植面积得到进一步稳固。如 2018 年广西 [①] 糖料蔗收购首付价为 500元 / 吨，与上年相比提高了 20 元 / 吨，增幅 4.2%。长期来看，受城镇化发展、城市建设等客观因素的影响，中国耕地保护形势严峻，糖料作物种植也面临着香蕉、桉树、木薯、玉米等的"争地"压力，与此同时，随着糖料蔗生产保护区建设的推进，糖料作物的种植将进一步向广西、云南、内蒙古、新疆等主产区集中，并在中央和主产区政府相关扶持政策的作用下种植面积有望稳定在一定规模。

糖料单产有所提升。预计 2018 年中国糖料作物单产水平基本稳定，主要受降水、光照等自然因素的影响，波动不会太大。展望期内，随着《糖料蔗主产区生产发展规划（2015—2020 年）》《广西糖业二次创业总体方案（2015—2020 年）》《云南省人民政府关于推进蔗糖产业提质发展 3 年行动计划的意见》《糖业转型升级行动计划（2018—2022）》等一系列政策规划的逐步落实，中国糖料作物的种植条件有望得到明显改善，机械化水平和良种良法的普及程度将得到较大提高，这些都将促进中国糖料单产水平的提升。

产量稳中略增。预计 2018 年中国糖料种植面积 2 184 万亩（145.6 万公顷），比上年增加 4.3%，为食糖生产提供了原料保障。与此同时，截至目前糖料主产区的气象条件均属正常，没有大规模、灾害性的天气发生，这为糖料作物的出糖率提供了保障，预计 2018 年中国食糖产量 1 030 万吨，比上年增加 10.9%。展望期内，随着糖料栽培技术的进步和基础设施条件的改善，在糖料种植面积基本稳定、单产水平不断提升的情况下，中国食糖产量有望实现小幅增长，预计 2020 年食糖产量为 1 063 万吨，较 2017 年增长 14.4%；2027 年为 1 191 万吨，较 2017 年增长28.2%。

2.3 消费展望

食糖消费规模稳步增长。中国虽然是世界食糖消费大国，但是人均食糖消费量仅为 11 千克 / 年，不及世界平均水平的一半。未来随着人口规模的扩大、城镇化水平的提高、经济社会的发展，中国食糖消费市场仍具较大的增长空间。首先，中国是世界第一人口大国，人口基数巨大，且近年来人口政策不断松动，人口规模具有较大的增长潜力，根据假定，中国人口规模将由 2017 年的 13.9 亿人增加到2027 年的 14.28 亿人，增加 3 840.9 万人；其次，中国的城镇化水平将大幅提升，根据测算，到 2027 年中国的城镇化率将达到 65.4%，比 2017 年提高 6.88 个百分点，而城镇人口的增加往往意味着更高的食糖消费水平。此外，除了传统的食品工业消费和居民生活消费，食糖在医药、建材、化工等领域也有着广泛应用，未来食

---

① 广西壮族自治区简称广西，全书同

糖在上述领域的消费潜力也将得到进一步释放。总体来看，展望期内中国食糖消费将保持增长趋势，预计 2018 年食糖消费量 1 500 万吨，与上年基本持平；预计 2020 年食糖消费量 1 587 万吨，较 2017 年增加 6.5%；2027 年为 1 832 万吨，较 2017 年增加 23%。

2.4 贸易展望

食糖进口规模保持较高水平。一方面，中国食糖增产潜力有限，而消费增长空间较大，国内食糖产不足需的现状短期内无法改变，而且产需缺口有进一步扩大的可能，因此对进口食糖存在刚性需求；另一方面，食糖进口规模除了受到国内供需形势的影响，国内外食糖价差、国际贸易政策等因素也会对食糖进口规模造成影响，因此食糖进口规模存在较大的不确定性。预计 2018 年中国食糖进口量 320 万吨，比上年增加 39.7%；2020 年中国食糖进口量 422 万吨，较 2017 年增加 84.3%；2027 年为 730 万吨，较 2017 年增加 218.8%。

2.5 价格展望

食糖价格受多种因素影响，会产生较大波幅。近期影响国内糖价的主要因素：一是国内食糖产不足需，缺口较大，预计产需缺口在 500 万吨左右；二是主产区调高了糖料蔗收购首付价，制糖企业的原料成本将继续上升，如中国最大食糖产区广西将普通糖料蔗收购首付价由 2017 年的 480 元 / 吨调高至 2018 年的 500 元 / 吨，导致食糖生产成本提高；三是 2018 年巴西、泰国等世界食糖主产国食糖生产形势较为乐观，预计 2018 年全球食糖产需将重回过剩，从而使国际糖价承压。预计 2018 年中国食糖均价在 6 100~6 500 元 / 吨。长期来看，国内食糖价格受到国际糖价、国内产需、进出口政策等多重因素的影响，多空博弈下国内食糖价格上涨空间将会受到抑制并将会有较大波动。

3 不确定性分析

3.1 自然灾害因素

中国糖料主产区基础设施差，对自然灾害的抵御能力较弱，较易受到气候变化的影响，光照、温度、降水量的变化都会对糖料作物的产量和糖分含量产生影响。在糖料作物生长期内和原料运输储藏环节，如果光照、温度、降雨量适宜，没有发生洪涝、干旱、霜冻等大的自然灾害，糖料单产和糖分含量将得到有效保障，进而提升出糖率和食糖产量。反之，则会对产量带来负面影响，如 2017 年内蒙古甜菜产区部分糖厂由于在甜菜储藏期内遭遇剧烈温度变化，加之糖厂储藏条件简陋，导致出现了大量"冻化菜"，对甜菜出糖率和食糖产量造成了不利影响。此外，世界主要产糖国的气候变化和自然灾害也会对敏感的国际糖市造成重大影响，继而波及中国，加剧中国食糖市场运行的不确定性。

3.2　调控政策因素

近年来，为了应对中国食糖产业发展遭受的严峻挑战，中央和地方政府、行业组织等积极探索并先后出台了许多市场调控政策。如2016年广西壮族自治区正式启动了糖料蔗价格指数保险试点项目，云南、海南等主产区则放开了糖料蔗政府统一定价，2017年商务部出台了食糖保障措施等。这些政策的实施对于稳定国内食糖市场、丰富市场调控手段发挥了积极作用，但其对食糖价格及走势、糖农种植意向等食糖市场也会产生多方面的影响，值得进一步的关注。此外，未来中国食糖产业政策还将受到整个农业政策调整与食糖产业定位变化等因素的影响，存在较大变数，增加了预测的不确定性。

3.3　国际市场因素

一方面，国际食糖市场的变化对国内食糖市场的作用十分明显。世界主要食糖生产国、消费国的政策变化都会对国际食糖市场产生影响，并进而加剧国内食糖市场的波动，如巴西的食糖和酒精联动生产机制、印度的食糖进出口政策等。另一方面，由于食糖具有能源属性和金融属性，其市场走势受到石油市场、汇率变化、地缘政治等因素的影响，国际游资对食糖期货的炒作也会进一步加剧食糖市场的不确定性。

参考文献

［1］ 中国糖业协会.中国糖业年报（2016/17 年制糖期）［Z］.

［2］ 经合组织 - 粮农组织.2015—2024 年农业展望［M］.北京：中国农业科学技术出版社，2015.

［3］ 农业部市场预警专家委员会.中国农业展望报告（2017—2026）［M］.北京：中国农业科学技术出版社，2017.

［4］ 农业部市场预警专家委员会.中国农业展望报告（2016—2025）［M］.北京：中国农业科学技术出版社，2016.

第六章

蔬　菜

蔬菜产业是中国具有较强国际竞争力的优势产业，其保供、增收、促就业的地位日益突出。2017 年，中国蔬菜生产继续保持稳定发展态势，总体供给宽松，总产量约 81 141 万吨，与上年相比增 1.7%；商品产量约 52 919 万吨，与上年相比增 2.8%；消费量为 50 810 万吨，与上年相比增 2.1%；蔬菜价格回归常年平均水平，与上年相比跌 10.5%；贸易顺差增加至 149.70 万美元，与上年相比增 5.3%。预计 2018 年，中国蔬菜产量约 83 336 万吨，与上年相比增 2.7%；消费量达52 680 万吨，与上年相比增 3.7%；全年价格稳中略降，波动趋势符合常年规律。未来 10 年，中国蔬菜产业将稳健均衡发展，播种面积基本稳定，供需总体宽松，人均消费平稳增长，国际贸易比较优势提升，保持顺差格局。2020 年，中国蔬菜产量将达到 85 963 万吨，消费量将达到 54 789 万吨，净出口量将达到 1 376 万吨；2027 年，中国蔬菜产量将达到 88 408 万吨，比 2017 年增长 9.0%；消费量将达到60 148 万吨，比 2017 年增长 18.4%；净出口量将达到 15 66 万吨，比 2017 年增长 46.3%。

1 蔬菜

1.1 2017 年市场形势回顾

1.1.1 供给总体宽松

2017 年中国气象条件较常年偏好，农业气象灾害影响总体偏轻，蔬菜长势及产量形成整体持续向好，市场供给较为宽松。全国蔬菜播种面积约为 3.38 亿亩（2 253 万公顷），与上年相比增长 1.0%，产量约为 81 544 万吨，比上年增长2.2%。2017 年春季全国大部分农区气温偏高，光照正常，墒情适宜，利于作物播种、生长，使得多种蔬菜单产水平明显提高，市场供给明显增加。入夏以后，多地受高温、暴雨、洪涝及雹灾等影响严重，蔬菜上市量整体减少，南菜生产和北菜南运均受到影响，部分品种上市交叉重叠与局地断茬同时出现，造成蔬菜夏秋季节供应结构不平衡，品种间波动差异大。11 月以后，受暖冬影响，全国大部天气较为晴好、光照充足，秋冬蔬菜供应充足。

1.1.2 消费需求趋于多元

蔬菜在城乡居民饮食结构中占重要位置，是人体膳食纤维、维生素和矿物质等营养物质的重要来源，蔬菜消费量和消费种类的增长是生活水平提升的重要标志之一。2017 年，中国蔬菜总消费量为 50 810 万吨，继续保持小幅增长。其中居民蔬菜食用消费量（鲜食消费）为 20 909 万吨（折算田头产量为 32 307 万吨，占总产量的 39.8%），占蔬菜消费量的 41.2%，全年人均蔬菜食用消费 150 千克。家庭鲜食消费是中国蔬菜消费的主要部分，随着生活水平提高，近年来城乡居民尤其是城镇居民外出就餐支出比重也在逐步提升。蔬菜消费需求整体向质量型转变，安全、优质、方便成为重要考量，消费结构多元化、多样化、营养化和保健化特征明显，"三品一标"蔬菜、品牌蔬菜和生鲜半成品净菜成为新的消费增长点。2017 年蔬菜产后损耗仍然处于较高水平，自损[①]率约 35.3%，主要受采收处理不及时、储运设施不完善、冷链物流不健全等影响，在采收、预处理、加工、储藏、流通、销售等各环节损耗较大。

1.1.3 市场价格波动明显

2017 年，农业部重点监测的 28 种蔬菜平均批发价格为 3.73 元 / 千克，与上年相比跌 10.5%，比近 5 年均价偏低 2.1%（图 6-1）。具体来讲，1 月受 2016 年高价影响及"双节"消费拉动，蔬菜市场价格达近 5 年最高，为 4.54 元 / 千克，与上年相比涨 3.4%。春节过后节日效应消退，需求回归正常；年初北方天气回暖快，蔬菜生长速度加快，供给不断增加，开春后大量集中上市，价格下跌早、跌幅大，环比 5 个月连续下跌，同比连续大幅下跌，其中 2—4 月同比下跌幅度为 20% 左右，个别产区部分品种出现滞销卖难现象，如云南嵩明的生菜，河南新野和山东章丘的大葱，广西横县的大白菜，河南杞县、山东金乡等地的蒜薹等。进入夏秋季节，除季节性因素之外，受全国高温多雨影响，价格形势陡然反转，6—8 月同比连续 3 个月明显上涨，8 月达 3.83 元 / 千克，逼近历史同期最高（2015 年，3.84 元 / 千克）。9 月回落企稳，提前进入下降区间，由于秋冬季节天气晴好，雾霾较

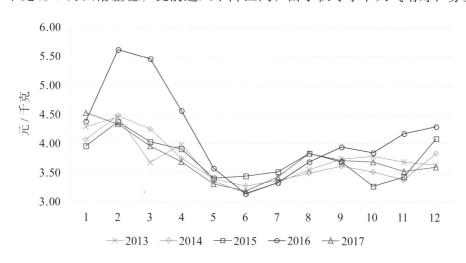

图 6-1 2013—2017 年中国 28 种蔬菜平均批发价格

数据来源：中国农业部农产品批发市场监测信息网

---

① 自损是指蔬菜从田头到最终购买阶段因收获、分拣、储藏、运输、销售环节形成的弃收、失水、腐烂等蔬菜产品特有的损失

少出现，环比连续下跌，季节性上涨直至 12 月才出现，涨幅 2.2%，幅度小于历年同期，12 月价格处近 5 年最低。

1.1.4 贸易整体向好

2017 年，中国蔬菜贸易形势整体向好，保持顺差格局，出口价格略降。净出口量 1 070 万吨，与上年相比增 8.6%；贸易顺差 150 亿美元，与上年相比增 5.3%。

从蔬菜对外贸易产品结构看（表 6-1），耐储藏和运输的鲜冷及初加工蔬菜仍是重要出口品类。分类别看，鲜冷冻蔬菜占出口总额的 40.9%，加工保藏蔬菜占 29.2%，干蔬菜占 28.9%。主要出口优势品种有大蒜、蘑菇、番茄、木耳、辣椒、洋葱、生姜等，其中大蒜出口额为 32.30 亿美元，占总出口额的 20.8%。从蔬菜出口国家和地区看，中国蔬菜主要出口亚洲、欧洲和北美洲，出口额占比分别为 72.4%、11.9% 和 8.9%，其中日本和越南是第一二位的蔬菜出口市场，约占中国蔬菜出口总额的 14.3% 和 12.9%，大蒜作为第一大出口优势品种，出口集中度较高，主要出口印度尼西亚、美国和越南，出口额分别为 5.00 亿美元、4.38 亿美元和 2.89 亿美元，占比分别为 18.6%、16.3% 和 10.8%，出口额与去年相比分别减 26.4%、减 9.3% 和增 15.5%。

表 6-1　2017 年中国蔬菜分类别进出口数量、金额及变化情况

项目	出口				进口			
	数量 / 万吨	金额 / 亿美元	与上年相比 / %		数量 / 万吨	金额 / 亿美元	与上年相比 / %	
			数量	金额			数量	金额
鲜冷冻蔬菜	718.56	63.54	14.1	-1.2	4.55	0.44	15.2	29.8
加工保藏蔬菜	315.47	45.26	-3.4	1.9	16.98	2.17	-7.3	-7.1
干蔬菜	60.21	44.84	12.9	20.3	1.48	0.49	74.9	-18.3
蔬菜种子	0.53	1.54	-47.5	10.8	1.65	2.38	-13.4	17.7
合计	1 094.77	155.18	8.3	5.2	24.66	5.48	-1.4	3.5

资料来源：中国海关

蔬菜进口以蔬菜种子和加工保藏蔬菜为主，主要作为国内蔬菜品类的调剂，其中蔬菜种子占进口总额的 43.5%；加工保藏蔬菜占进口总额的 39.6%（表 6-1）。蔬菜进口主要来源地集中在亚洲、北美洲和欧洲，进口额占比分别为 40.5%、31.2% 和 18.8%，随着"一带一路"倡议的提出，中国与世界的联系更加多元，进口来源集中度不断缩小，与上年相比，美国进口额占比降 17.6 个百分点，进口额占比超过 1.5% 的国家个数从 6 个上升至 17 个。主要进口来源国包括美国（29.4%，括号内数字为进口额占比）、日本（10.8%）、泰国（7.1%）、印度（4.4%）、意大利（4.3%）、丹麦（4.2%）、新西兰（3.2%）等。

1.2 未来 10 年市场走势判断

1.2.1 总体判断

蔬菜种植面积保持动态稳定，总产量持续小幅增长。随着乡村振兴战略的全面实施，预计未来 10 年，蔬菜在稳定种植面积的基础上，设施蔬菜将得到长足发展，品种结构更加丰富，区域布局更加合理，将进一步提质增效，进一步重视绿色发展。预计 2018 年播种面积为 33 937 万亩（2 262 万公顷），2020 年为 34 385 万亩（2 292 万公顷），2027 年将增长至 34 875 万亩（2 325 万公顷）。随着现代生物技术、信息技术与蔬菜生产深度融合，种业水平或出现跨越发展，蔬菜单产能力将进一步提高，预计 2018 年，全国蔬菜单产约 2 410.6 千克 / 亩（36 159 千克 / 公顷），2020 年为 2 500 千克 / 亩（37 500 千克 / 公顷），2027 年将达 2 535 千克 / 亩（38 025 千克 / 公顷），未来 10 年年均增速为 0.5%。受生产成本走高、比较收益增速减小等限制，蔬菜产量增速逐渐放缓，预计 2018 年，全国蔬菜总产量约 83 336 万吨，2020 年为 85 963 万吨，2027 年将达 88 408 万吨。

蔬菜消费量将保持缓慢增长态势，消费结构日趋合理。随着城乡居民生活水平迈向全面小康，一二三产业深度融合、乡村振兴扎实推进，未来 10 年，蔬菜消费总量将继续保持增长态势，优质安全、健康多样的消费需求将推动消费结构优化升级。预计到 2027 年，消费总量将达到 60 148 万吨，年均增速约为 1.7%。其中，食用消费量将达到 26 989 万吨，年均增速为 2.6%；加工消费将达 13 926 万吨，年均增速约为 1.53%；产后技术创新和冷链物流体系的健全完善将持续减少蔬菜损耗率。

蔬菜国际竞争优势仍然明显，贸易仍将保持顺差态势。未来 10 年，蔬菜进出口量都将呈稳定增长态势，贸易顺差格局仍将存在。随着与"一带一路"国家和地区农业合作的深入发展，贸易伙伴与主要品种都将进一步多元化发展，加工保藏蔬菜和干蔬菜出口比例将有所提高，蔬菜种子进口比例有所降低，出口贸易结构进一步优化。预计到 2027 年，中国蔬菜贸易总量将达到 1 636 万吨，10 年年均增长率为 3.9%；净出口量继续增长，预计 2018 年为 1 197 万吨，2020 年为 1 376 万吨，2027 年将增加到 1 566 万吨，未来 10 年年均增长率为 3.9%。

蔬菜价格仍以季节性波动为主要特征，总体呈稳中略涨态势，"大生产、大流通"的格局继续保持。受季节轮转变化影响，蔬菜生产的地域性、季节性、周期性必然引起菜价的季节性波动。预计未来 10 年，中国蔬菜价格波动仍将表现出季节性特征。同时，受土地流转、水肥农资和劳动用工等价格上涨影响，展望期间，蔬菜价格总体上呈波动上涨态势。

1.2.2 生产展望

未来10年，中国蔬菜生产继续向优势产区集中，特别是华南与西南热区冬春蔬菜、长江流域冬春蔬菜、黄土高原夏秋蔬菜、云贵高原夏秋蔬菜、北部高纬度夏秋蔬菜、黄淮海与环渤海设施蔬菜等六大传统优势区域集中度进一步增强；蔬菜生产的安全性、生态性、标准化、规模化、设施化、集约化和品牌化水平进一步提高，生产能力进一步增强。

播种面积稳中略涨。受农业供给侧结构性改革政策影响，未来一段时期，蔬菜生产发展在注重数量稳定的基础上，将更加注重质量效益和环境保护问题。随着土地、水等资源要素约束进一步加大，加上从事蔬菜生产的劳动力高龄化和价格不断上涨，蔬菜生产的"地板"将不断抬高。展望期间，中国蔬菜播种面积动态趋稳，同时，蔬菜产业在全面建设小康社会过程中将继续扮演重要角色，未来10年的年均增速为0.4%，预计2018年播种面积为3.39亿亩（2 260万公顷），2020年为3.44亿亩（2 293万公顷），2027年将增长至3.49亿亩（2 327万公顷）。

蔬菜单产持续提升。随着现代蔬菜育种及栽培等技术的创新发展与集成应用，如智慧种业、生物农药、农业物联网、小型农机、精准灌溉技术等，促使蔬菜平均单产水平继续稳定增长。预计2018年，全国蔬菜单产2 410.6千克/亩（36 159千克/公顷），2020年为2 500千克/亩（37 500千克/公顷），2027年将达2 535千克/亩（38 025千克/公顷），未来10年年均增速为0.5%，低于过去10年的平均增速（图6-2）。

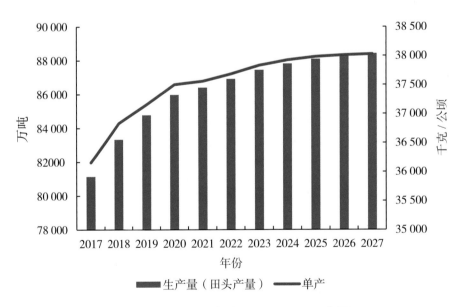

图6-2 2017年中国蔬菜产量及2018—2027年展望

数据来源：2018—2027年数据为中国农业科学院农业信息研究所CAMES预测

蔬菜总产量稳中有增。蔬菜生产将加快从以产量为目标向更加重视产品质量和生态保护转变，随着特色农产品特优区不断推广建设完善，绿色、有机、无公害和地理标志产品将快速增加，设施蔬菜、观光蔬菜、立体蔬菜等农业的多功能性将进一步增强，蔬菜总产量将保持稳中有增的态势。预计2018年，全国蔬菜总产量83 336万吨，2020年为85 963万吨，2027年将达88 408万吨，未来10年年均增速调增至0.9%（图6-2）。

1.2.3　消费展望

蔬菜是中国居民植物性为主膳食模式的重要组成部分，是维生素、膳食纤维和微量元素等重要营养素的重要食物来源之一。未来10年，受人口总量持续增长、城乡居民收入大幅提高、加工技术不断进步等因素影响，蔬菜消费总量将继续保持稳中有增态势，预计2018年为52 680万吨，2020年达54 789万吨，2027年达60 148万吨，未来10年年均增速约为1.7%（图6-3）。

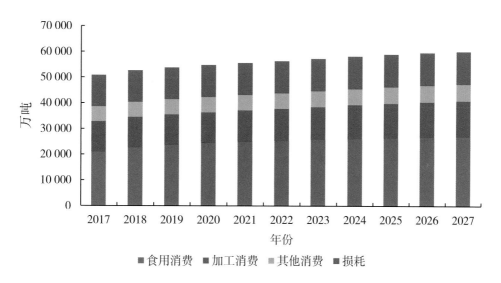

图 6-3　2017 年中国蔬菜消费量及 2018—2027 年展望

数据来源：2018—2027 年数据为中国农业科学院农业信息研究所 CAMES 预测

蔬菜食用消费稳健增长。中国居民蔬菜食用消费的城乡差异特征逐渐弱化。随着交通运输不断便利、生活水平不断提高，城乡居民人口流动性加强，首先带来的就是消费者"主食"以外的饮食多样化意愿的整体跃升；其次，随着城镇化不断推进和乡村振兴战略的落实发展，"进城"农民工和返乡"新移民"将极大刺激地域特色蔬菜消费能力提升，蔬菜需求向形美质优、营养价值高和烹饪处理方便转变，对风味特色的要求逐步增加，而对价格的敏感度将进一步降低。随着全面小康的实现和平衡膳食理念的逐步深入人心，未来10年中国居民蔬菜食用消费将继续稳步增长。预计 2018 年为 22 566 万吨，2020 年将达 24 318 万吨，2027 年将达 26 989 万吨，未来 10 年年均增速为 2.6%。

蔬菜加工消费稳定发展。随着蔬菜精深加工技术水平、智能设施装备水平和企业规模化集约化程度的不断提升，蔬菜加工业将大步向现代化迈进，成为实现一二三产业融合的重要环节，蔬菜加工消费将小幅增长。预计 2018 年蔬菜加工消费量为 11 936 万吨，2020 年将达 12 041 万吨，2027 年将达 13 926 万吨，未来 10 年年均增速为 1.5%，蔬菜加工率达 23% 以上。同时，饲用等其他消费比重基本稳定，未来 10 年将保持在 11% 左右。

蔬菜损耗量将逐步降低。水分含量大、易腐烂、耐储运性差和生产季节性强等特征仍是蔬菜生产和流通过程中发生损耗的主要原因。随着耐储品种的探索研发，智能采收机械的应用推广，菜地田头初加工、预冷、冷链运输、商品化处理等设施条件的不断改善，预计未来 10 年中国蔬菜损耗将进一步减少，自损率和损耗率年均降幅分别约为 1.6% 和 1.2%。

1.2.4 贸易展望

未来 10 年，蔬菜进出口量将呈稳定增加趋势，贸易顺差格局形势可继续维持。预计到 2027 年，中国蔬菜贸易总量将达到 1 636 万吨，10 年年均增长率为 3.9%；净出口量继续增长，预计 2018 年为 1 197 万吨，2020 年为 1 376 万吨，2027 年将增加到 1 566 万吨，未来 10 年年均增长率为 3.9%（图 6-4）。

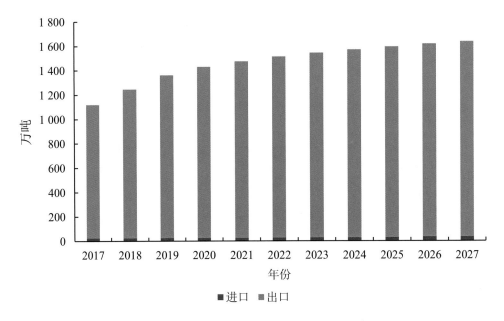

图 6-4　2017 年中国蔬菜进出口量及 2018—2027 年展望

数据来源：2018—2027 年数据为中国农业科学院农业信息研究所 CAMES 预测

蔬菜历来是中国重要的出口优势农产品。预计未来 10 年，中国蔬菜出口仍将保持稳定增长态势，2018 年为 1 221 万吨，2020 年为 1 402 万吨，2027 年将增加到 1 601 万吨，未来 10 年年均增长率为 3.9%。从结构上看，不同类别蔬菜出口比重将有所变化，加工保藏蔬菜和干蔬菜等附加值相对较高的蔬菜出口比例将呈上升态势，鲜冷冻蔬菜出口份额可能继续缩减；从出口区域看，随着农业对外合作的深度和广度不断发展，中国与"一带一路"国家的贸易往来将愈加活跃，具有中国特色的蔬菜品种出口目的地将进一步呈现多元化的特点，东亚和东南亚仍旧是中国蔬菜、尤其是大蒜出口的主要流向，中亚、西亚、东欧、西亚北非等地区的贸易增长潜力较大，而对欧美、北美地区的高端蔬菜出口也具有较强的竞争力。

中国蔬菜供需形势总体宽松，进口总量和金额相对较小，主要用途是个别品种的需求调剂，基本不会对国内市场的整体供需形势产生影响，尤其是随着中国种业的创新发展，预计蔬菜种子的进口额将会有效减少，从而巩固贸易顺差格局。

1.2.5 价格展望

从中国蔬菜价格波动规律看，蔬菜"大生产、大流通"和"按纬度吃菜"的格局已基本成熟，季节性、周期性特征明显，预计未来 10 年，蔬菜价格变化仍将维持此局面。不过，长期来看，随着设施蔬菜的不断发展，蔬菜生产的自然条件限制将逐渐减弱，部分蔬菜品种可能突破生产的季节性和产地转换的周期性，市场运行将更加平稳。从年际变化看，蔬菜价格将呈现小幅波动上涨态势，主要原因在于生产、流通成本持续增加和多种消费需求稳定上涨。展望期间，由于中国人口老龄化和劳动力转移问题将进一步加剧，蔬菜产业的人工成本将持续增加，即使智能农业技术发展应用局面向好，可以替代部分劳动力，那也只是将人工成本转嫁至资本投入和运维成本之上，再加上土地流转、种苗水肥药等投入要素价格的提高，及设施蔬菜、反季节蔬菜、特色蔬菜占比增加等因素的影响，蔬菜价格总体上将继续保持上涨态势，受宏观经济、供需形势等影响，价格增速或将有所趋缓。从年内变化看，一方面北菜南运和南菜北运基地将得到快速发展，春提早和秋延后以及越冬蔬菜供应将更加有保障，有助于实现经年均衡供应，季节性价格波动幅度趋缓；另一方面，随着全球气候变暖，极端天气发生的概率增大，受天气影响较大的蔬菜产业很可能遭遇重大灾害，从而造成异常波动的产生；此外，随着蔬菜产业化发展不断成熟，其资本化趋势将逐步呈现，表现出一定的金融产品属性，保险产品日益普及，期货产品探索发展，供求关系只是决定蔬菜价格的因素之一，当前的季节性周期性价格波动局面可能受金融产品周期影响而发生改变，个别品种蔬菜价格可能更多的受资本炒作的影响而发生异常价格波动。

1.3 不确定性分析

1.3.1 气候因素的影响

蔬菜生产供给与产地水热条件、土地资源、气候等自然因素有密切联系，也即蔬菜产业具有较大的自然风险。众所周知，干旱、洪涝、雨雪、寒潮、雾霾等灾害天气对蔬菜生长生产有极为严重的影响，也会导致生产的大幅波动，还会阶段性影响运输流通，进而影响市场供应情况。未来一段时期，随着全球气候变化加剧，干旱、洪涝、雨雪冰冻等自然灾害频发多发，厄尔尼诺现象和拉尼娜现象交替发生，加剧了极端天气甚至自然灾害的发生概率与强度，会对中国蔬菜生产供给产生重要影响，成为展望预测工作中最大的不确定因素。

1.3.2 国际市场因素的影响

受近年来全球贸易保护的影响，技术性贸易壁垒和绿色贸易壁垒出现的可能性增大，会对中国蔬菜出口量产生负面影响；其次，人民币汇率与全球货币格局的变化将直接影响贸易顺差局势，对展望预测的结果造成不确定影响；第三，新的自贸协定的推动及对外关系变化，也会对贸易展望预测产生一定程度的影响。

1.3.3 "互联网＋"新时代的影响

随着互联网技术和应用的快速发展，中国农业产业尤其是蔬菜产业的生产、流通、消费等方式正在发生深刻变化，"互联网＋"时代的扁平化效应为消费者与生产者建立起前所未有的紧密联系。随着O2O、B2C等营销模式在蔬菜销售上的应用，蔬菜线上直销、直播互动营销等交互手段不断发展，流通环节大幅减少，流通效率快速提升，为产销有效衔接提供了新渠道，消费者能够通过互联网和移动互联网直接购买新鲜蔬菜，实现了足不出户的到家服务，这些进一步加快了蔬菜消费方式的转变，也给整个产业发展提供了一条新路。但值得注意的是，虽然中国蔬菜质量安全水平不断提高，但"毒生姜""毒大葱""毒豇豆"等事件仍历历在目。在"互联网＋"时代的舆情效应的指数级发酵下，负面信息甚至谣言的传播会给蔬菜消费带来极大不确定性，从而引起市场异常波动。

2 马铃薯

马铃薯产业的发展对于改善城乡居民主食营养结构、推动新一轮种植业结构调整以及保障国家粮食安全具有重要意义。近年来，国家高度重视马铃薯产业发展，先后提出"马铃薯主食化战略"，出台《关于推进马铃薯产业开发的指导意见》

（农发〔2016〕1号），发布《马铃薯加工业"十三五"发展规划》（中薯委〔2015〕5号）等文件，推动各地马铃薯产业开发。在政策的大力支持下，中国马铃薯生产稳定发展。2017年，中国马铃薯总产量基本稳定，约为10 711万吨，同比略减0.2%；受消费替代品价格低迷以及改造升级环保设备等因素影响，中国马铃薯消费量降至10 554万吨，同比减3.5%；马铃薯全年贸易顺差1.71亿美元，同比大幅增加85.8%。马铃薯市场价格总体低位运行，批发均价为2.12元/千克，同比跌11.4%，创近6年来最低水平。展望2018—2027年，预计2018年中国马铃薯产量因薯农生产积极性受挫，将降至10 656万吨，同比减0.5%；消费量为10 672万吨，同比增1.1%。长期来看，中国马铃薯总产量和消费量都将保持增加态势，预计2020年将分别达到11 187万吨和10 960万吨；2027年，将分别增加到11 724万吨和11 631万吨，分别年均增0.9%和1.0%；未来10年，中国马铃薯国际竞争力将进一步增强，贸易顺差继续扩大。

2.1　2017年市场形势回顾

2.1.1　产量稳中略降

近年来，中国马铃薯生产快速发展，初步形成了北方一季作区、中原二季作区、南方冬作区及西南单双混作区等四大栽培区域，已经覆盖所有省区市。2017年，估计全国马铃薯种植面积为8 624万亩（575万公顷），同比减1.1%；单产为1 242千克/亩（18 630千克/公顷），同比增0.9%；产量为10 711万吨，同比减0.2%。从种植面积来看，受春薯价格大跌影响，北方一季作区秋薯种植户生产积极性降低，秋薯种植面积同比下降，导致全年总种植面积低于上年。据统计，内蒙古马铃薯种植面积924万亩（61.6万公顷），较2016年减少51万亩（3.4万公顷）；甘肃省马铃薯面积1 052万亩（70.1万公顷），同比减少11万亩（0.73万公顷）。从单产水平来看，2017年产季马铃薯主产区自然灾害天气频繁出现，但对生产的危害程度轻于去年，马铃薯单产水平总体高于去年同期水平。总体来看，虽然2017年马铃薯单产水平同比提高，然而受种植面积下降影响，马铃薯总产量仍然略低于去年。

2.1.2　消费同比减少

马铃薯是粮经饲兼用作物，用途非常广泛，既可以作为蔬菜和主粮鲜食，也可以加工成薯条、薯片、薯泥等休闲食品，还能够作为饲料、造纸、纺织、医药、化工等行业的制造原料。从消费方式来看，中国马铃薯以食用消费为主，加工消费、种用消费和饲用消费等为辅。2017年，中国马铃薯消费需求持续低迷，估计总消费量为10 554万吨，同比减3.5%。具体来看，马铃薯消费用途主要为鲜食菜用，与其他蔬菜互为消费替代关系。蔬菜市场形势对马铃薯消费影响明显，2017年菜价总体水平偏低，导致马铃薯食用消费需求降低，估计为 6 301 万吨，同比减3.8%；为改造、升级环保设施，不少马铃薯淀粉加工企业停工，导致对马铃薯的加工消费需求数量下降，2017 年为 1 038 万吨，同比减 4.9%；随着玉米去库存进程加快，玉米市场供给增加，替代了部分马铃薯饲用消费，造成马铃薯饲用消费量降低。2017 年，中国马铃薯饲用消费为 536 万吨，同比减 1.8%；马铃薯种植面积减少，拉动种用消费减少，2017 年为 1 301 万吨，同比减 0.7%；中国马铃薯损耗由于储藏保鲜技术提高，出现下降，2017 年为 1 354 万吨，同比减 4.6%。

2.1.3 贸易顺差扩大

近年来，中国马铃薯进出口年贸易总额在 5 亿美元左右，呈贸易顺差。2017年，中国马铃薯价格持续低迷，使得马铃薯国际竞争力提高，贸易顺差大幅增加，顺差额 1.71 亿美元，同比增 85.8%。出口方面，中国 2017 年马铃薯出口 54 万吨，同比增 23.6%，出口额 3.24 亿美元，同比增 20.9%。从出口品种来看，鲜或冷藏的马铃薯（种用除外）是中国主要马铃薯出口品种，出口量、额分别约占全部出口量、额的 90% 和 85%；从出口目的地来看，中国马铃薯出口市场相对集中，主要出口越南、中国香港、马来西亚、日本、俄罗斯等周边国家和地区，其中越南是中国最大的马铃薯出口市场，约占总出口额的 30%。进口方面，中国 2017 年马铃薯进口 13 万吨，同比减 13.0%，进口额 1.53 亿美元，同比增 13.0%。从进口品种来看，制作或保藏的冷冻马铃薯是中国主要马铃薯进口品种，进口量、额分别约占全部进口量、额的 95% 和 90%；从进口来源国看，马铃薯进口来源地比较集中，主要为美国、加拿大、比利时等国，其中美国是中国最大的马铃薯进口来源国，约占总进口额的 70%。

2.1.4 价格处于阶段性低位

2017 年，马铃薯平均批发市场价格为 2.12 元 / 千克，同比跌 11.4%，为近 6年来最低，处于阶段性低位水平（图 6-5），主要原因有两个：一是低价蔬菜对马铃薯消费替代作用明显。2017 年中国蔬菜供应充足，价格总体低位运行，导致马铃薯市场需求持续低迷。2016 年上半年部分地区（例如云南昆明、河南杞县、陕西咸阳、广东清远等）蔬菜滞销卖难，菜价大跌，拉低了马铃薯的消费需求；下半年大白菜、萝卜和洋葱等大宗冬储蔬菜大量上市而且价格偏低，导致薯价上涨动力不足。二是马铃薯品质偏低。2017 年多个产区在马铃薯生长关键时期遭受自然灾害，造成马铃薯品质总体低于往年，价格随之降低。例如内蒙古受生长前期干旱气候影响，马铃薯色泽较差，且畸形薯比例偏大；甘肃受生长后期降雨偏多影响，马铃薯含水量偏大，导致窖存货源耐储性较低，货源发芽、黑心、腐烂等现象较多。

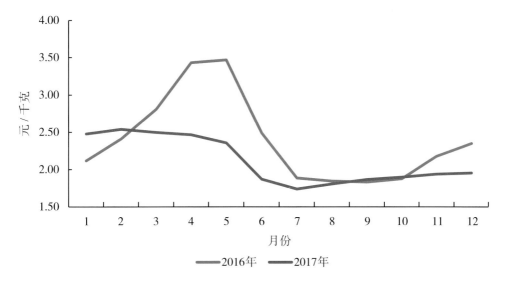

图 6-5 2016—2017 年马铃薯月度批发均价

数据来源：农业部农产品批发市场监测信息网

2.2 未来 10 年市场走势判断

2.2.1 总体判断

从长期来看，马铃薯产量将呈增加态势，但是由于 2017 年生产效益不理想，2018 年马铃薯种植面积会减少，从而导致产量下降。预计马铃薯产量 2018 年为 10 656 万吨，同比减 0.5%，2020 年将增加到 11 187 万吨，比 2017 年提高 4.4%；2027 年为 11 724 万吨，比 2017 年提高 9.5%，年均增 0.9%。

消费需求总量增加，各类消费均有增长。未来 10 年，中国马铃薯消费总量增加，其中食用消费、加工消费、种用消费和饲用消费均保持增长态势。预计马铃薯消费总量 2018 年为 10 672 万吨，同比增 1.1%；2020 年为 10 960 万吨，比 2017 年增 3.8%；2027 年为 11 631 万吨，比 2017 年增 10.2%，年均增 1.0%。

进口逐年下降。随着中国加快推进马铃薯产业开发，马铃薯加工产品数量迅速增长，进口替代效应愈发显著，进口数量将明显下降。预计 2018 年为 11 万吨，同比减 15.4%；2020 年为 10 万吨，比 2017 年减 21.5%；2027 年为 8 万吨，比 2017 年减 38.5%，年均减 4.7%。

出口持续增加。展望期内，中国马铃薯产业稳步发展，国际竞争力会进一步增强，马铃薯出口保持增长态势。预计 2018 年为 61 万吨，同比增 13.0%；2020 年为 73 万吨，比 2017 年增 35.2%；2027 年为 89 万吨，比 2017 年增 64.8%，年均增 5.1%。

马铃薯价格将总体上涨。中国农业正进入高成本发展阶段。展望期内，在生产成本刚性增长的推动和主食消费需求大幅增加的拉动下，中国马铃薯价格将呈上涨态势。

2.2.2 生产展望

种植面积总体增加。马铃薯具有耐旱、耐瘠薄、高产稳产、适应性广等特点，而且市场需求潜力巨大，是全国尤其是"镰刀弯"地区种植业结构调整的重点扩种作物。展望期内，随着农业供给侧结构性改革的深入推进，中国马铃薯种植面积总体呈增加趋势，但因2017年薯价持续低迷，部分薯农生产积极性受挫，2018年马铃薯种植面积将减少。预计2018年为8 486万亩（566万公顷），同比减1.6%；2020年为8 777万亩（585万公顷），比2017年增1.8%；2027年为9 015万亩（601万公顷），比2017年增4.5%，年均增0.4%。未来10年，中国马铃薯种植面积将增加391万亩（26万公顷），扩种范围主要来自5个区域：种植条件优越的东北地区、干旱半干旱的西北地区、地下水严重超采的华北地区、耕作制度多样的西南地区和冬闲田资源丰富的南方地区。

单产持续增加。目前中国马铃薯单产仅约为世界平均水平的80%（FAO数据，下同），与全球先进地区大洋洲和美洲相比差距明显，中国马铃薯单产提升潜力巨大。展望期内，中国马铃薯单产水平将会持续提高，预计2018年为1 256千克/亩（18 840千克/公顷），同比增1.1%；2020年为1 275千克/亩（19 500千克/公顷），比2017年增2.6%；2027年为1 300千克/亩（21 788千克/公顷），比2017年增4.7%，年均增0.5%。中国马铃薯单产增加主要得益于两个方面：一是马铃薯生产加快由自留种种植向脱毒种薯种植转变，优质种薯缺乏难题将得到有效缓解；二是轻简化栽培、水肥一体化、病虫害综合防治、机械化生产等高产栽培技术将广泛应用，推动单产水平提高。

产量稳步提高。总体来看，展望期内在种植面积增加和单产水平提高的共同促进下，中国马铃薯产量呈现增加态势（图6-6），但2018年马铃薯产量因种植面积同比减少，将低于2017年水平。预计2018年为10 656万吨，同比减0.5%；2020年达到11 187万吨，比2017年提高4.4%。此后虽然面积和单产增速有所降低，但总体仍然保持小幅增长，从而推动产量继续提高。2027年，中国马铃薯产量将达到11 724万吨，比2017年提高9.5%，年均增0.9%。

2.2.3 消费展望

消费需求总量增加。未来10年，中国马铃薯消费总量持续增加。预计2018年为10 672万吨，同比增1.1%；2020年为10 960万吨，比2017年增3.8%；2027年为11 631万吨，比2017年增10.2%，年均增1.0%。其中，食用消费、加工消费、饲用消费、种用消费和损耗都将保持增长（图6-7）。食用消费占总消费的比

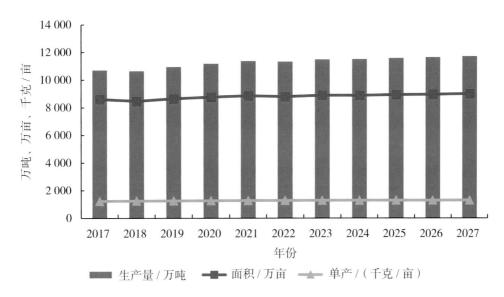

图 6-6　**2017 年中国马铃薯生产量、种植面积、单产及 2018—2027 年展望**

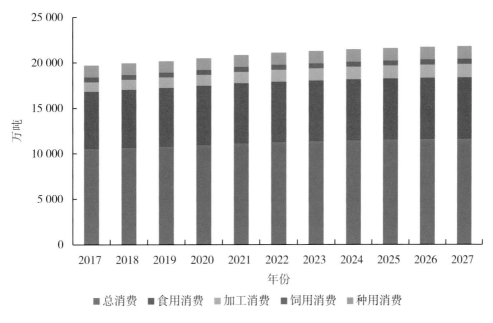

图 6-7　**2017 年中国马铃薯消费量及 2018—2027 年展望**

例将稳中略降，但所占比例一直最大；加工消费占总消费的比例逐年提高；饲用消费和种用消费分别占总消费的比例变化幅度不大；损耗占比逐年下降。

食用消费持续增加。展望期内，食用消费始终是中国马铃薯消费的主要方式，约占消费总量的 2/3。未来 10 年，中国马铃薯食用消费量将持续增长。预计 2018年为 6 395 万吨，同比增 1.5%；2020 年将达到 6 528 万吨，比 2017 年增 3.6%；2027 年为 6 754 万吨，比 2017 年增 7.2%，年均增 0.7%。中国马铃薯食用需求稳步增加的主要原因有两个：一是消费群体数量不断增加。受二孩政策全面放开等人口政策影响，中国人口总量仍将呈增长态势，马铃薯消费人群将继续扩大。二是健康营养理念日益普及。马铃薯营养全面，富含维生素、膳食纤维和矿物元素。随着居民健康膳食营养理念的普及以及对马铃薯营养功能的认可，马铃薯食用消费量也将进一步提高。

加工消费较快增长。展望期内，与其他消费类型相比，中国马铃薯加工消费量增长速度较快。预计2018年为1 089万吨，同比增4.9%；2020年为1 200万吨，比2017年增15.7%；2027年为1 480万吨，比2017年增42.6%，年均增3.6%。未来10年，中国马铃薯加工消费较快增长的原因主要有两个：一是主食加工消费拉动。随着马铃薯主食化战略的实施以及营养健康主食文化的发展，人们将越来越青睐马铃薯主食产品，从而将带动马铃薯主食加工消费强劲增长。二是马铃薯加工业发展。马铃薯应用广泛，是重要的食品原料和工业原料。随着薯条、薯片、薯泥、粉条、粉丝等马铃薯食品消费的提高，以及纺织、造纸、化工、建材和医药等行业对马铃薯淀粉及其衍生物需求的增长，中国马铃薯加工设备引入和技术革新的步伐进一步加快，各种加工生产线数量继续增加，将提高对马铃薯的加工消费需求。

饲用消费先降后升。展望期内，饲用消费数量将经历先下降后上升的过程。2018—2019年，预计中国马铃薯饲用消费量连续两年同比减少，原因在于马铃薯和玉米在饲料消费上具有替代性，近两年内玉米供应充足，价格虽然有可能恢复性上涨，但仍然处于阶段性低位水平，对马铃薯饲料消费替代趋势明显，导致马铃薯饲用消费量下降。预计2018年为529万吨，同比减1.2%。从长期来看，受人口增长、居民收入增加和城镇化提高等因素影响，中国肉、蛋、奶等畜禽产品的需求将持续增加，从而带动马铃薯饲用消费量提高。从2020年开始，马铃薯饲用消费将稳步增加。2027年为566万吨，比2017年增5.7%，年均增0.6%。

种用消费总体增加。展望期内，总体来看，随着种植面积的持续增加，马铃薯种用消费数量将保持增长，但2018年马铃薯种用消费将随着种植面积减少，而同比降低。预计2018年为1 287万吨，同比减1.1%；2027年为1 391万吨，比2017年增6.9%，年均增0.7%。2017—2027年，中国马铃薯种用消费占总消费的比重一直在12%左右。

2.2.4 贸易展望

进口展望，现阶段中国马铃薯进口几乎全部为加工产品，包括马铃薯淀粉、制作或保藏的冷冻马铃薯、细粉、粗粉及粉片等，表明国内马铃薯加工制品需求缺口较大。目前，中国马铃薯加工产业发展潜力巨大，加工比例仅为15%左右。未来中国加快推进马铃薯产业开发，加工产品数量将迅速增长，进口替代效应愈发显著，进口数量将下降（图 6-8）。展望期内，随着中国马铃薯加工数量提高，进口数量将持续减少。预计 2018 年为 11 万吨，同比减 15.4%；2020 年为 10 万吨，比 2017 年减 21.5%；2027 年为 8 万吨，比 2017 年减 38.5%，年均减 4.7%。

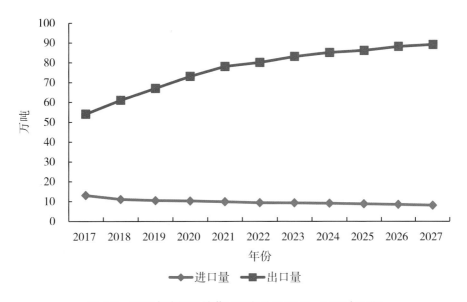

图 6-8　2017 年中国马铃薯国际贸易及 2018—2027 年展望

出口展望，中国马铃薯具有明显的价格比较优势，出口价格远低于美国、英国、澳大利亚、新西兰等主要出口国，具有很强的国际竞争力。展望期内，中国马铃薯产业稳步发展，国际竞争力会进一步增强，马铃薯出口保持增长态势（图 6-8）。预计 2018 年为 61 万吨，同比增 13.0%；2020 年为 73 万吨，比 2017 年增 35.2%；2027 年为 89 万吨，比 2017 年增 64.8%，年均增 5.1%。

2.2.5　价格展望

展望期内，中国马铃薯价格总体呈上涨态势。一是生产成本刚性增长。过去十几年来，随着农业生产要素特别是土地流转费用、劳动力成本不断上升，中国农业正进入高成本发展阶段。2004—2013 年，中国马铃薯每亩种植总成本快速上涨，从 554.3 元增加到 1 390.47 元，增加了 1.51 倍，年均增长 10.8%。未来时期，在中国劳动力人口增速减缓，以及工业化、城镇化进程加快的宏观趋势下，农业生产成本仍将持续刚性增长，进而推动马铃薯价格继续上涨。二是主食消费需求大幅增加。未来时期，随着人们对马铃薯主食产品营养价值的了解和健康膳食理念的树立，马铃薯将由副食消费向主食消费转变。主食是农产品消费的主渠道，马铃薯主食消费需求大幅增加，将拉动马铃薯价格持续上涨。

2.3 不确定性分析

2.3.1 政策因素

现阶段国家鼓励马铃薯产业发展，例如，2015年提出马铃薯主食化战略；2016年发布推进马铃薯产业开发的指导意见；2017年中央一号文件以及《全国种植业结构调整规划（2016—2020年）》（农发〔2016〕3号），均提出"要增加薯类作物的种植"。但是，未来时期如果马铃薯供过于求，政策可能会转为压缩马铃薯种植面积，调减马铃薯产业规模。另外，2018年2月初商务部启动对原产于欧盟的进口马铃薯淀粉所适用的反倾销措施进行期终复审调查，如果中国延长对欧盟进口马铃薯淀粉的"双反"政策，将继续抑制中国从欧盟进口马铃薯淀粉，也会对中国马铃薯贸易产生影响。

2.3.2 气候变化因素

马铃薯既怕霜冻，也怕高温，对水分的要求较为苛刻。如果遭遇干旱，马铃薯会出现植株叶片卷曲、萎蔫，甚至死苗现象；如果降水过多，马铃薯发生晚疫病的概率加大，造成块茎腐烂、茎叶枯萎。中国马铃薯主产区包括以甘肃、内蒙古为代表的北方一季作区和以云南、贵州、四川为代表的西南单双季混作区。北方一季作区和西南单双季混作区分别是干旱和洪涝灾害的多发区和重灾区。未来，随着全球变暖、气候异常加剧，北方一季作区和西南单双季混作区发生干旱和洪涝的概率进一步加大，造成大幅减产。这两个地区种植面积占全国马铃薯总面积的85%以上，其产量变化会对全国马铃薯供应产生显著影响。

2.3.3 替代品种因素

在消费替代方面，鲜食菜用是马铃薯的主要消费方式，未来的蔬菜市场行情会对马铃薯消费产生显著影响。2017年中国蔬菜供应充足，菜价总体处于阶段性低位，对马铃薯消费替代作用明显，导致马铃薯消费需求持续低迷；饲用消费是马铃薯重要的消费方式，玉米、高粱、大豆等饲料作物的价格形势走势也会对马铃薯消费产生重要影响。在生产替代方面，受经济利益驱使，农户会选择种植比较效益高的作物品种。未来时期，中国农业供给侧结构性改革加快推进，随着水稻、小麦、玉米、大豆以及蔬菜等作物同马铃薯比价关系的不断变化，马铃薯的生产规模也会持续调整。

参考文献

［1］ 国家发展与改革委员会，农业部 . 全国蔬菜产业发展规划（2011—2020 年），2012.

［2］ 新华社 . 中共中央 国务院关于实施乡村振兴战略的意见［EB/OL］.（2018-02-04）［2018-02-27］. http://politics.people.com.cn/n1/2018/0204/c1001-29804797.html.

［3］ 吴建寨，张建华，宋伟，等 . 中国蔬菜区域生产优势度演变分析［J］. 中国农业资源与区划，2016，37（04）：154-160.

［4］ 沈辰，熊露，韩书庆，等 . 我国果菜类蔬菜生产与流通形势分析［J］. 中国蔬菜，2017（09）：7-11.

［5］ 李辉尚，王晓东，杨唯，等 . 我国蔬菜市场 2017 年形势分析与后市展望［J］. 中国蔬菜，2018（01）：7-12.

［6］ 胡世霞，刘超群，李崇光 . 中国蔬菜出口竞争力时空动态研究［J］. 统计与决策，2016（22）：83-87.

［7］ 骆雪云 . 绿色贸易壁垒对中国农产品出口影响研究［D］. 首都经济贸易大学，2017.

［8］ 时润哲 . 后 TPP 时代中国对日本蔬菜出口贸易结构研究［J］. 经济论坛，2017（03）：113-118.

［9］ 李俊杰，张晶，彭华，等 . 美国农业保险政策的发展及展望［J］. 农业展望，2017，13（10）：82-87.

［10］ 新华社 . 农业部启动实施"农业质量年"行动［EB/OL］.（2018-03-01）［2018-02-06］. http://www.xinhuanet.com/politics/2018-02-06/c_129807034.htm.

第七章

水　果

中国是世界最大的水果产区和消费市场。2017 年，中国水果整体丰产，进口扩大，供给充裕，消费稳步增长，价格与上年相比略涨。2018—2027 年展望期间，在消费升级引导和农业供给侧结构性改革深化推动下，水果产量和消费将保持增长态势，丰产年份略有盈余；水果供给结构和需求结构加快升级，水果总体价格在波动中上涨，品质对水果价格的影响加大；中国水果及其制品进出口贸易规模双向扩大。2020 年预计产量达 3.08 亿吨，直接消费量和加工消费量分别达 1.34 亿吨和 3 589 万吨；2027 年预计产量达 3.37 万吨，直接消费量和加工消费量分别达 1.44 亿吨和 4 824 万吨。未来 10 年是优势产区、优质果品、优质品牌和优质企业做大做强的重要机遇期，市场竞争将愈加激烈，建议政府部门和相关经营主体密切关注。

1 2017 年市场形势回顾

1.1 产量总体增加

2017 年，中国水果整体丰产增产，供给充裕。2017 年中国水果种植面积（含园林水果面积和瓜果类水果面积）约为 2.36 亿亩（1 573.3 万公顷），比上年增加 1%。2017 年全国水果主产区气象条件大致正常，总产量约 2.9 亿吨，比 2016 年增产 2.4%。大宗品种中，苹果估计增产 2% 左右，主要是辽宁、陕西、甘肃产区小幅增产；山东产区由于气候异常、老果园加速淘汰面积减少，估计减产 10% 左右。干旱、连续降雨等不利天气对苹果品质影响显著，优果率预计仅 30% 左右，低于去年水平。柑橘产量增加 3% 左右，主要是天气条件相对适宜，黄龙病的影响减弱。受前两年市场行情欠佳和黄叶病影响，香蕉种植面积比上年减少 5% 左右，因天气条件适宜，产量增加约 13%。梨整体增产，但部分主产区连续降雨，病害较多，质量普遍不高。近几年猕猴桃面积持续增加，陕西、四川、河南、贵州、浙江等地均加快发展，产能不断扩大，预计 2017 年总产量超过 260 万吨，比上年增产 10% 以上。

1.2 消费稳步增长

随收入水平提高、饮食结构调整以及水果供给愈加充足和多样化，水果以及水果制品逐渐成为居民日常饮食不可或缺的部分，2017 年中国水果消费继续保持稳步增长。鲜果直接消费是国内水果消费的最重要部分，据测算，2017 年国内水果直接消费量为 1.29 亿吨，年人均水果直接消费量为 92.5 千克，其中城镇人口年人均水果直接消费量为 105.6 千克，农村人口年人均水果直接消费量为 74 千克。人们更加青睐优质、安全、特色水果，购买能力也不断提高，推动水果消费结构向更新鲜、更营养、更多样转变。消费者对水果制品如果汁、果酱、果干、果酒等需求的增加、水果制品出口的增加拉动了加工消费。2017 年国内水果整体增产，特别是低端果品的供给充足和相对低廉的价格，也促进了水果加工消费。据测算，2017年水果加工消费量 3 228 万吨。在消费转型升级的带动下，各类水果经营主体不断调整和创新营销方式，线上线下融合、预售、众筹、水果连锁超市、鲜果和鲜榨果汁自助售卖机等新型销售方式迅速发展，也推动了消费量的增加。

1.3　价格小幅上涨

经历了 2015—2016 年连续下跌后，水果市场价格在 2017 年企稳略涨。根据农业农村部农产品批发市场监测统计，2017 年全国 7 种大宗水果全年平均批发价格为 5.16 元 / 千克，与上年相比上涨 1.5%，仍低于 2014 年和 2015 年同期水平。逐月来看，1—8 月价格高于 2016 年同期，9—12 月低于 2016 年同期。月度水果价格变化基本呈现"前高后低"趋势，其中 5—6 月价格涨至近 6 元 / 千克，主要是西瓜、富士苹果、柑橘价格显著上涨所致；10—11 月降至 4.4 元 / 千克左右，主要是鸭梨、葡萄和香蕉价格显著下跌所致，虽然符合季节性规律，但降至 2011 年以来的月度最低价格（图 7-1、图 7-2）。

水果生产价格指数变化趋势与批发价格走势基本一致。根据国家统计局数据，2017 年第一、二、三、四季度中国水果生产价格指数分别为 109.4、111.3、96.3 和 105.6（表 7-1），显示除第三季度外，水果生产价格与上年相比提高。数据还显示，除第三季度外，其他三季度生产价格指数显著高于同期种植业和农产品生产价格指数。

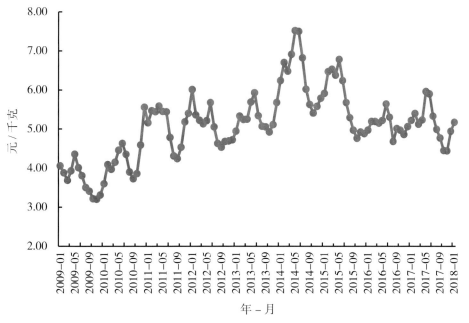

图 7-1　2009—2017 年水果平均批发价格变化

数据来源：中国农业农村部农产品批发市场监测统计数据

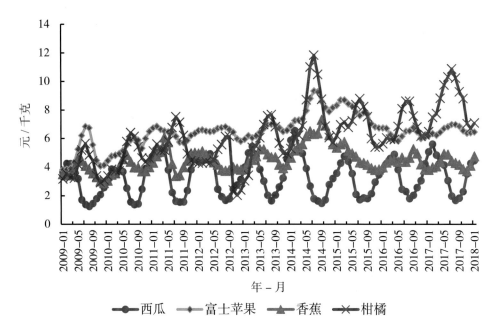

图 7-2　2009—2017 年西瓜、富士苹果、香蕉、柑橘平均批发价格变化

数据来源：中国农业农村部农产品批发市场监测统计数据

表 7-1　2017 年中国水果生产价格指数变化（当季值）

时期	水果	种植业	农产品
2017 年第一季度	109.4	97.2	97.8
2017 年第二季度	111.3	98.2	93.6
2017 年第三季度	96.3	102.6	96.8
2017 年第四季度	105.6	100.6	98.6

数据来源：中国国家统计局

　　水果消费价格指数也呈现相似趋势。根据国家统计局数据（表 7-2），除 9、10 月外，2017 年月度鲜果类居民消费价格指数均大于 100，而 2—12 月食品类居民消费价格指数均小于 100，说明与上年相比，食品类居民消费价格基本下降，而鲜果类居民消费价格呈现上涨。

表 7-2　2017 年中国居民消费价格指数（上年同月 =100）

类别	月份											
	1	2	3	4	5	6	7	8	9	10	11	12
食品类	102.7	95.7	95.6	96.5	98.4	98.8	98.9	99.8	98.6	99.6	98.9	99.6
鲜果类	104.8	102.1	103	105.9	111.8	109.9	101.7	100	97	99.3	103.7	106.3

数据来源：中国国家统计局

1.4 贸易顺差缩小

进口显著扩大，贸易顺差缩小。据中国海关统计数据，2017 年中国水果及其制品进口量共计 428.59 万吨（折算成水果鲜果约 486 万吨），进口额 59.96 亿美元，与上年相比分别增加 11.9% 和 7.8%；出口量 489.57 万吨（折算成水果鲜果约 1 055 万吨），与上年相比增加 0.6%，出口额 63.64 亿美元，与上年相比减少 2.3%，贸易顺差 3.67 亿美元，与上年相比减少 61.4%（表 7-3）。水果及水果制品进出口平均价格与上年相比略降。

表 7-3 2017 年中国水果及其制品进出口情况

类别	进口				出口			
	量 / 万吨	同比 / %	额 / 亿美元	同比 / %	量 / 万吨	同比 / %	额 / 亿美元	同比 / %
鲜果	386.90	10.9	51.89	6.2	333.09	−1.7	44.79	−3.5
果汁	12.68	20.5	2.50	24.8	66.47	27.3	6.68	15.8
水果罐头	3.10	11.5	0.42	8.90	52.91	−5.1	5.73	−4.3
水果及其制品	428.59	11.9	59.96	7.8	489.57	0.6	63.64	−2.3

数据来源：根据中国海关数据整理

2017 年鲜果净进口额为 7.1 亿美元，是上一年的 2.9 倍，鲜果进口显著增加是贸易顺差缩减的主要原因。2017 年中国鲜果进口量 386.90 万吨，进口额 51.89 亿美元，与上年相比分别增加 10.9% 和 6.2%（表 7-3）。进口品类中，樱桃和榴莲的进口显著增加，由于单价较高，进口额已超过葡萄和香蕉。其他主要进口品类中，葡萄进口 23.9 万吨，进口额 6.04 亿美元，与上年相比分别减少 5.2% 和 4.0%；香蕉进口量 104.46 万吨，进口额 5.94 亿美元，与上年相比分别增加 17.7% 和 1.8%；柑橘属水果进口量 44.78 万吨，进口额 5.31 亿美元，与上年相比分别增加 51.5% 和 49.8%。2017 年鲜果出口量 333.09 万吨，出口额 44.79 亿美元，与上年相比分别减少 1.7% 和 3.5%，主要出口优势品种中，柑橘属水果出口量和出口额分别减少 17.3% 和 18.0%，鲜苹果出口量和出口额分别减少 1.2% 和 1.6%。

水果制品贸易维持顺差。果汁净出口额为 4.18 亿美元，与上年相比增加 11.2%；水果罐头净出口额为 5.31 亿美元，与上年相比减少 5.2%。值得关注的是，果汁进口量增幅 20.5%，显著高于 2016 年增幅，并且在果汁出口平均价格比上一年显著下降的同时，果汁进口平均价格却略有提高。水果罐头出口量和出口额连续多年缩减，进口却有增加，说明出口优势进一步被削弱。

中国水果及制品进口来源相对集中，但进口规模增减存在差别。2017 年水果及制品进口量的 62%、进口额的 40% 来自东盟，并集中于越南、菲律宾、泰国

3 个国家。按照进口额排序，东盟（23.9 亿美元）、智利（10.29 亿美元）、美国（5.17 亿美元）、新西兰（3.59 亿美元）、澳大利亚（2.83 亿美元）、南非（2.46 亿美元）、秘鲁（2.18 亿美元）为前 7 位进口来源地，从巴西、台澎金马关税区、厄瓜多尔的进口额也在 1 亿美元以上，其中从厄瓜多尔的进口量达到 16.78 万吨。与上一年相比，自澳大利亚、南非的进口量额增幅超过 40%，自美国、欧盟的进口量额增幅超过 15%，自东盟进口量增幅也超过 10%；而自智利、巴西、新西兰、厄瓜多尔的进口量不同程度缩减。

中国水果及其制品对亚洲市场的出口缩减，对欧盟、北美的出口增加。2017 年对东盟、美国、俄罗斯、欧盟、中国香港、日本、印度、加拿大等国家和地区的出口量均超过 10 万吨，出口额均超过 1 亿美元，合计占总出口量额的 80% 和 85.1%。与上一年相比，对欧盟的出口量增加 25.5%，出口额增加 16.5%，主要是 2017 年 4—5 月，极端冰雪天气导致欧洲苹果和梨严重减产，果汁进口大幅增加；对加拿大的出口量增加 8.8%，出口额增加 7%，对美国的出口量增加 2.9%，出口额减少 2.4%；对印度的出口量减少 18%，出口额减少 20%，对中国香港的出口量减少 5.5%，出口额减少 23%。在出口量超过 1 万吨的其他国家和地区中，对南非、墨西哥、新西兰的出口量显著增加，对乌克兰的出口量增加了 2.9 倍，出口额增加了 3.1 倍，主要是柑橘属水果和果汁出口骤增；而对澳大利亚和台澎金马关税区的出口缩减。

2　未来 10 年市场走势判断

2.1　总体判断

产量增速趋缓、质量提升加速。预计 2018 年水果面积达到 2.41 亿亩（1 608 万公顷），产量达到 2.97 亿吨。展望期间（2018—2027 年）预计产量年均增速 1.5%，2020 年水果面积 2.43 亿亩（1 617 万公顷），产量 3.08 亿吨；2027 年面积 2.44 亿亩（1 627 万公顷），产量 3.37 亿吨。随着消费升级拉动和供给侧结构性改革深化，水果品类和品种愈加丰富，生产进一步向优势产区集中，规模化程度提高，果品质量得到持续提升。

消费持续增长，消费升级加快。人口增加、居民收入提高、城镇化水平提高等推动水果消费量持续增加，加快由数量型向质量型转变，加工消费比例提高。电子商务和现代流通业的发展显著提高水果及制品的可得性，促进消费增长。2018 年水果直接消费和加工消费分别达到 1.30 亿吨和 3 341 万吨，2020 年分别达到 1.34 亿吨和 3 589 万吨，2027 年分别达到 1.44 亿吨和 4 824 万吨。展望期内，水果直接消费和加工消费的年均增速分别为 1.1% 和 4.1%。

价格波动上涨，品质成主导因素。展望期间，水果供需总量基本均衡，略有盈余，水果实际价格上涨动力偏弱，但生产成本提高对价格形成支撑，大宗水果平均批发价格在波动中上涨。依托于互联网和现代信息技术及信息服务的新型营销渠道的发展有助于高端果品的产销对接，符合消费升级需求的优质、安全、特色、品牌果品的价格与普通果品的差距会拉大，价格两极分化加剧，推动市场上优质果品比例的提高、果品总体质量水平的提升。

进出口贸易总量扩大。展望期间，中国果品进出口在全球市场的份额预计持续提高，进出口贸易规模扩大。对外贸易伙伴关系的拓展和深化，以及国内市场对高品质、多元化水果需求的增加及购买力的提高推动水果进口增长。果品品牌化、标准化的发展和企业出口运营能力的提高，有助于水果及制品出口竞争力的提高，推动水果及制品出口增长。预计展望期内水果及制品出口能保持顺差。

2.2 生产展望

进入"十三五"以来，中国水果产量年均增速基本降至5%以下，未来10年产量增速仍趋于放缓。较高的比较效益保障了水果面积一定的增长空间，但产量增长将更多依赖于单产提高。随着农业供给侧结构性改革的逐步深化和果品消费升级的引导与倒逼，水果生产的集约化、规模化、标准化、品牌化水平得到提高，品质提升，水果供求存在的结构性矛盾得到一定改善，中国加快由水果生产大国向产业强国迈进。

水果面积仍有小幅增长空间。水果种植比较效益高于普通大田作物，优势特色水果种植效益更为可观，另外，果园特有的观赏性、休闲性、生态涵养和文化教育功能等，使得水果种植特别是生态果园成为很多地区发展休闲农业和乡村旅游不可或缺的组成部分。展望前期，随着乡村振兴战略的推进，工商资本对水果产业的投资热度不减，水果种植面积仍有增长空间，预计2018—2020年年均增长0.6%，到2020年水果面积达到2.43亿亩（1 617万公顷）；展望后期（2021—2027年），由于水土资源短缺的刚性制约，以及水果产业优势产区布局发展的阶段性完成，水果种植面积的增长空间进一步被压缩，年均增长约0.5%，到2027年水果面积达到2.44亿亩（1 627万公顷）（图7-3）。

种植效益更高的特色品类、品种以及设施水果预计较快增长，国内生产供给更加多元化。大樱桃、百香果、火龙果、蓝莓等特色品类，以及大宗品类中的特色品种，如柑橘属水果中的沃柑、红美人、春见、丑柑、甘平、柠檬等仍有发展空间。大棚、日光温室、棚架栽培等设施水果种植面积扩大潜力较大，为葡萄、草莓、桃等应时鲜果的持续发展创造了条件。展望期间，在消费升级换代和种植效益的引导下，更多特色品类和品种涌现，老旧品种和落后产能加快淘汰。

国家精准扶贫战略和科技进步也有助于展望期间水果总种植面积的扩大。水果产业是贫困地区扶贫减贫的有利抓手，国家精准扶贫战略的持续推进将助推部分偏

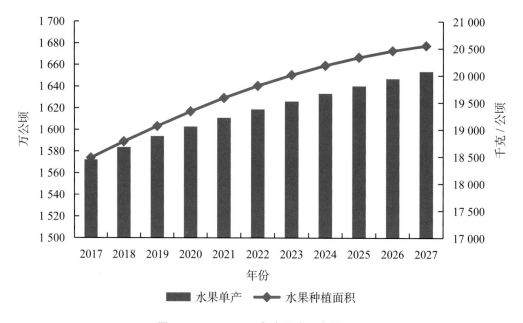

图 7-3　2018—2027 年中国水果产量展望

数据来源：中国农业科学院农业信息研究所 CAMES 预测

远地区的水果种植，特别是西南和西北区域。品种技术和现代化栽培管理技术的进步也使得非优势产区的水果产业发展成为可能。新疆巴楚沙漠蜜瓜的发展就是一个典型。

展望期内，水果产业加快向提质增效、量质并重转变，单产增幅预计略有降低，伴随落后产能的逐步淘汰、新建优质果园的产能释放、水果产业科技的持续进步，单产增加仍是水果总产量增加的主要原因。展望期间，预计水果单产年均增长 0.9%，2018 年单产达到 1 245.5 千克/亩（18 682.8 千克/公顷），2020 年单产达到 1 270.3 千克/亩（19 054.9 千克/公顷），2027 年单产达到 1 338.4 千克/亩（20 076.4 千克/公顷）。

基于面积和单产的小幅增长，展望期间水果产量预计以 1.5% 的年均增速小幅增长。预计 2018—2020 年水果产量年均增长 2.0%，2018 年水果产量达 2.97 亿吨，2020 年水果产量达到 3.08 亿吨。展望后期（2021—2027 年），水果产量预计年均增长 1.3%，2027 年水果产量达到 3.37 亿吨（图 7-4）。

未来 10 年，随着农业供给侧结构性改革的深化，水果生产的区域布局、果品结构、质量品质、节本增效、抗逆减灾等有望得到较为全面的提升，生产方式加快由分散种植向适度规模化种植过度，集约化、标准化程度提高，品牌建设得到显著提升，更加满足消费者需求的多样化、高品质果品的单产和总产量显著提高，更多优质水果、优质产区、优势品牌、规模化企业将在展望期间崛起。

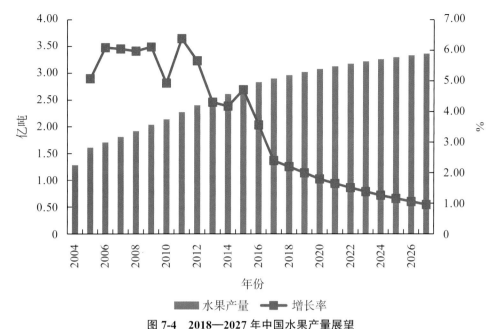

图 7-4　2018—2027 年中国水果产量展望

数据来源：中国农业科学院农业信息研究所 CAMES 预测

2.3　消费展望

中国是世界最大的水果消费市场。未来 10 年，人口增长、居民收入提高和城镇化水平提高推动水果直接消费持续增长。预计 2018 年人均水果直接消费可达 93.3 千克，水果直接消费量达到 1.30 亿吨；2020 年人均水果直接消费可达 95 千克，水果直接消费量达到 1.34 亿吨；2027 年人均水果直接消费可达 100.7 千克，水果直接消费量达到 1.44 亿吨。农村人口人均水果直接消费涨幅略高于城镇人口。

随着收入水平提高和消费观念改变，水果在居民膳食结构中的地位不断提高，对各类水果的消费需求和购买能力不断提高。生鲜农产品电子商务和现代流通、物流的快速发展，特别是冷链物流基础设施的建设和完善，有助于提高水果产销对接效率，提高城乡居民水果消费的可得性，水果人均消费量将进一步提高。2018 年人均水果消费量预计为 93.3 千克，2020 年达到 97.9 千克，2025 年达到 101.2 千克。农村居民收入较快增长、全面消除贫困、城乡统筹发展也会缩小城乡居民水果消费水平的差距。2027 年城镇居民年人均水果消费量预计达 110.2 千克，农村居民年人均水果消费量将达到 82.7 千克。

加工消费预计加快发展。一方面，生活水平的提高推动果汁、果汁饮料、果酒、果酱、果片等水果制品的需求增长较快增长；另一方面，水果产业链的延长、水果精深加工投资的增加、水果深加工技术水平的提高都有助于水果加工业的发展，加工消费量预计有较快增长。2018 年水果加工消费量预计达到 3 341 万吨，占产量的 11.4%，2020 年达到 3 589 万吨，占产量的 11.7%，2027 年达到 4 824 万吨，占产量的 14.3%。

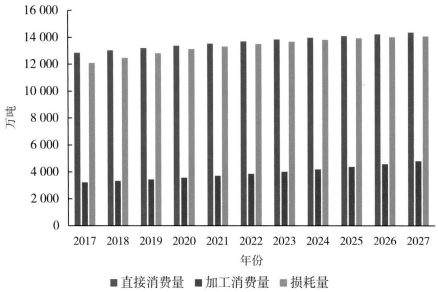

图 7-5　2018—2027 年中国水果消费展望

数据来源：中国农业科学院农业信息研究所 CAMES 预测

　　收入水平提高和供给结构改善带动水果消费结构加快升级。展望期内，水果消费的选择更加多样化，消费者对优质、安全、特色、功能性和品牌果品的需求将持续增加，消费结构升级加快。水果消费的途径和形式也向多样化发展，消费者对高档果品的定制化消费、线上线下融合的便捷化消费增加，基于水果延伸产业高附加值的其他消费如休闲旅游、盆景观赏、健康养生、文化教育将有显著增长，推动水果产业发展和水果及制品消费增加。

2.4　贸易展望

　　展望期间，国内收入水平的提高、进口水果需求的增长、跨境电商发展带来的便利性将持续推动水果进口量增长，鲜果仍将是中国进口果品的主体，但果汁、水果罐头等制品的进口预计有较快的涨幅。中国水果及其制品仍具有较强的出口优势，农业供给侧结构性改革的深化将有助于全面提升果品规模化和标准化水平，壮大优质果品品牌和出口企业，推动出口增加。未来 10 年，水果进出口规模持续扩大，预计保持顺差。展望前期水果进口增速预计保持在 7.5% 左右，出口增速预计保持在 5.1% 左右，2020 年水果进出口总量[①]达到 1 916 万吨左右；展望后期，进出口增速的差距缩小，2025 年水果进出口总量达到 2 731 万吨左右。

　　展望期间，中国一系列对外贸易协定的签署、实施，"一带一路"沿线自由贸

　　① 水果进出口总量，指水果进口量与水果出口量的总和，其中果汁、水果罐头等水果制品已经按照一定比例折算为水果鲜果量

易区的推进等，将给中国水果及制品的对外贸易扩大创造新的条件，特别是东盟、南美、澳洲以及"一带一路"沿线国家和地区。中国与东盟贸易条件不断完善，2016 年批复建设的广西东兴进境水果指定口岸建成运营后，有望显著促进中国与东盟的水果进出口贸易。2017 年年底印尼果蔬产品进口许可证制度被裁定为与世贸组织规则不一致，如展望期间印尼果蔬进口政策进一步放宽，将有利于中国水果对印尼的出口扩大。2017 年 11 月中国—智利自贸区升级，智利已经是中国牛油果、樱桃进口的第一大来源国，自贸区升级对更多智利水果出口到中国、以及中国水果和制品出口智利、并拓展南美洲市场利好。根据中澳自贸协定，2017 年年底，桃、李和杏等水果获中澳双方准入，中国苹果、梨出口澳大利亚的检疫处理指标降低，至 2018 年 1 月，澳大利亚夏季产大多数品类水果对中国出口税率降至 2%，这都有利于中澳水果双边贸易的扩大。

2.5　价格展望

展望前期，水果供给略大于需求，水果价格上涨动力偏弱，进口水果的可得性提高，价格越来越亲民，也有利于抑制国产水果价格的大幅上涨。但生产成本特别是其中人工成本预计仍将上涨，支撑未来 10 年水果平均价格在波动中上涨。

品质和稀缺性愈加成为影响水果价格的重要因素。随着水果消费需求升级，以及水果供给在品类、品种、品质上存在不平衡性，符合消费者升级需求、但相对短缺的优质、特色、品牌果品的价格将持续走高，而相对过剩、同质化的普通果品价格缺乏上涨支撑，滞销风险较大。分品种来看，鸭梨、富士苹果、葡萄、香蕉等已经实现周年供应的大宗品类中普通果品的价格大幅上涨潜力不大；供给大幅增加、熟期集中、储存难度较大、加工相对滞后的品类如猕猴桃等的价格下跌风险较大；柑橘属水果中品质优异的品类和品种较多涌现，品种更新换代快，展望前期仍有一定上涨潜力。

生鲜农产品电子商务和现代物流业的加速发展，有利于减少水果产销的中间环节、提高流通效率。另外，线上线下融合等新型水果营销模式的创新与应用，有助于优质、品牌果品的产销对接和更高附加值的实现，引导优质、品牌果品的生产和消费，提升市场上优质果品的比例和果品总体质量水平，从这一角度可对水果整体价格形成间接支撑。

3　不确定性分析

3.1　气候条件变化因素

未来 10 年，气候条件变化特别是重大气象灾害和极端气候事件发生的不确定性仍是导致水果产量、品质、消费、价格和贸易不确定性的重要因素。气象条件对水果产销的影响是多方面的。2017年春夏，山东烟台苹果主产区遭遇严重干旱，虽然后期雨水充足，仍严重影响了优果率的提高，并且干旱导致的生产成本提升，推高了该产区苹果销售价格，其对苹果市场价格的影响将延续到2018年上半年。2017年年末、2018年年初的全国多地大雪天气不仅显著影响了柑橘等水果的产量和品质，还影响了展望初期苹果、柑橘、猕猴桃等水果的出入库、流通和销售。常与气象灾害相伴而生的病虫灾害，也导致产量波动、影响品质提升，研究发现，近熟期温湿度骤变导致"黄冠梨"鸡爪病的发生频次和严重程度显著提高，高温高湿天气导致柑橘溃疡病流行。展望期间，气候变化的影响将更加明显，极端高温或低温、干旱、涝害及病虫灾害的发生频次、影响程度很难准确预测，是水果供需存在不确定性的主要来源。同理，重要贸易伙伴国的水果生产也受到气候条件的显著影响，并波及中国的水果及制品贸易。2018年若欧洲气象条件正常，苹果和梨的生产恢复，将抑制中国水果制品对欧盟的出口。

3.2 电子商务和期货的发展与影响

近年来新型营销方式不断涌现，各大电商平台争相在生鲜农产品领域布局，水果电子商务加速发展。线上渠道的加快发展促进了线下流通和物流基础条件的改善，有助于提高水果产销对接效率，未来电商大数据的发展也有利于更准确的识别和对接水果消费需求。值得注意的是，虽然包括水果在内的生鲜电商发展很快，但是还没形成相对稳定和成熟的盈利模式。展望期间，电子商务等新型营销途径的发展速度、规模、成效很难准确预测，其对水果生产、消费、市场的影响程度也存在很大的不确定性。

2017年12月22日中国苹果期货正式上市，这是全球首个鲜果类期货产品，同一天全国首单苹果"期货＋保险"价格险项目紧随推出。苹果期货及相关金融产品对苹果产业链条上的相关主体提供了更多针对市场风险的管理工具，但由于上市时间较短，其对苹果市场及相关主体的影响还较难评估。展望期间，果品期货等新型流通业态和相关金融产品如何影响水果市场和水果产业的发展需要密切关注。

3.3 进口冲击影响

展望期内，国际贸易关系的发展对中国水果进口的促进需要持续关注，跨境电商的发展也有助于水果及制品进口的扩大。多来源、多品类的进口水果强势进军中国果品市场，价格也更加亲民，势必给中国水果市场和水果产业造成冲击。水果进口能一定程度上反映国内水果消费需求的走向，高价进口水果也一度引导了同类别国产水果的发展，国产猕猴桃、脐橙、鲜食葡萄、蓝莓、樱桃等在过去几年加快发展，市场规模扩大。未来10年，受国际贸易条件改善、消费升级等因素影响，进口水果的来源、品类、规模预计仍会显著扩大，并冲击到国内水果市场，这对中国水果产业加快转型升级既是机遇也是挑战，但具体影响到的水果品类、影响程度难以准确预测。

参考文献

［1］ 武婕，赵俊晔 . 2017 年上半年中国水果市场分析及展望［J］. 农业展望，2017（8）：8-11.

［2］ 马云倩，徐海泉，郭燕枝，等 . 基于 VARX 模型的中国居民食物消费结构预测［J］. 农业展望，2017（9）：114-121.

［3］ 张洪胜 . 从进出口数据看我国水果消费结构的变化趋势［J］. 烟台果树，2017（2）：6-7.

［4］ 胡清玉，胡同乐，王亚南，等 . 中国苹果病害发生与分布现状调查［J］. 植物保护，2016，42（1）：175-179.

［5］ 陈苏，陆爱华，盛宝龙，等 . 江苏省果树生产现状、产业特点及发展趋势［J］. 中国果树，2017（4）：98-100.

［6］ 张云兰，谈晓花，邓美鸣 . 广西水果产业竞争力分析［J］. 北方园艺，2017（06）：181-185.

［7］ 宣景宏，赵德英，杜国栋，等 . 辽宁梨产业现状与转型升级发展策略［J］. 中国果树，2017（S1）：1-3，6.

［8］ 孙蕊 . 2017 年河北辛集"黄冠"梨鸡爪病重发生原因及防治建议［J］. 中国果树，2017（S1）：60-61.

第八章

肉　类

根据国家统计局公布数据，2017年猪牛羊禽肉产量8 431万吨，比上年增长0.8%。其中，受消费需求和价格上涨拉动，牛肉和羊肉产量保持相对较高增速，猪肉和禽肉产量温和增长。环保和食品安全意识、收入水平的提高、生活方式的转变、家庭成员年龄结构的变化，使得消费偏好，特别是在城市地区，持续发生着改变，影响了肉类生产和消费结构的变化。在行情相对乐观的影响下，生猪产能处于恢复期，玉米主产区和适养区新增产能弥补了受环保禁养拆迁影响的缩减量，猪肉产量小幅增长，猪肉和生猪价格稳中有跌。H7N9影响活禽销售渠道和居民消费信心，上半年禽肉价格持续下跌，市场行情低迷倒逼产业调减产能，禽肉产量增速放缓，下半年价格回升，全年禽肉平均价格较大幅度下跌。在一系列畜牧政策的扶持和消费拉动下，牛羊肉生产保持良好势头，牛羊肉产量再创新高，牛羊肉价格稳中有涨。

未来10年，中国肉类产量年均增速预计为1.4%。肉类产量从2017年的8 542万吨增至2027年的9 717万吨，增长15.3%，其中猪肉、禽肉、牛肉和羊肉年均增速分别为1.4%、1.3%、1.7%和2.2%，2027年产量分别达到6 110万吨、2 163万吨、863万吨和581万吨。从养殖周期和行业景气来看，短期内猪肉和禽肉面临养殖成本上涨和环保成本压力，需要提升成本竞争力和质量竞争力。在供给侧改革中，规模化、环保化养殖和养殖屠宰一体化趋势势在必行，组织化、产业化水平、区域生产优势仍然需要继续提升和优化，畜牧业生产资本推动和科技拉动的特点将更加明显。畜牧生产区域性布局结构调整仍然在稳步推进，产能释放速度2018年开始将会加快，在2020年前后达到高峰，展望后期生产平稳性将会提高。从消费端来看，肉类需求结构呈现差异化，猪肉消费未来拉动力在于产品类型的多样化、产品品质和竞争力的提升，禽肉，尤其是牛羊肉消费在未来收入提高拉动下，人均消费需求将会继续稳步提高。未来肉类进口量总体保持相对稳定，但不同肉类进口需求呈现差异化。其中，猪肉国内供给增加降低进口需求，禽肉进口总体平稳，出口稳中有增，牛肉进口需求增幅较快，羊肉进口则平稳增加。展望前期，牲畜存栏增加将会拉动玉米、豆粕和鱼粉等饲料原料价格上涨，禁牧及环保设施改造增加生产投入，带动肉类生产成本趋增，肉类价格总体趋涨，展望后期产业竞争力的提升和产业结构优化有助于降低生产成本、稳定肉类价格。

1 猪肉

2017年，在环保政策与金融资本推动下，中国生猪产业加速转型，生产效率优化，生产方式向环保高效、种养结合转变。尽管能繁母猪存栏继续下降，但每头能繁母猪提供的有效仔猪数（PSY）水平的提高和胴体重的继续增加带动了产能恢复，猪肉产量恢复性增长，生猪价格高位温和下跌，猪肉进口量下降但仍保持高位，生猪养殖效益保持较好水平。2018 年猪肉供给宽裕，猪价继续处于下跌通道，猪肉产量预计增 1.5%，为 5 420 万吨；猪肉进口量明显回落，为 90 万吨；人均占有量较上年增 0.3%，为 39.30 千克。猪肉产量未来 10 年年均增速 1.4%，2027 年产量预计达到 6 110 万吨；猪肉供给量和人均占有量年均增速预计分别为 1.2% 和 1.0%，2027 年供给量 [①] 预计为 6 155 万吨，人均占有量和居民家庭人均猪肉消费量预计分别为 43.08 千克和 21.27 千克。未来猪肉仍将保持净进口，但净进口量将呈下降趋势。

1.1 2017 年市场形势回顾

1.1.1 产量恢复性增长

猪肉产量同比增 0.8%。2016 年生猪养殖良好收益带动养殖户和企业加大投资、积极补栏，在环保拆迁压力下，扩增产能和养殖水平的提高弥补了禁、限养区产能的下降。据中国国家统计局数据，2017 年，生猪出栏 6.89 亿头，与上年相比增加 0.5%；猪肉产量 5 340 万吨，与上年相比增加 0.8%。2017 年年末生猪存栏 4.33 亿头，与上年相比减 0.4%。2017 年一季度生猪供需偏紧，从二季度开始猪肉供给明显增加，一季度同比略增 0.1%，二季度、三季度和四季度同比分别增加 0.8%、0.7% 和 0.9%。

1.1.2 消费总量保持平稳

猪肉产量小幅增加，进口量高位下降，2017 年供给总量达 5 444 万吨，与上年基本持平；人均猪肉占有量 39.17 千克，与上年相比减 0.5%。中国猪肉消费已经由数量向质量导向转变，冷鲜肉已经占到猪肉消费的 20%，品相精美、分割精细、食用方便的优质差异化猪肉产品丰富了消费类型。随着经济的持续发展，农村猪肉消费持续快速增加，城市居民的消费由于肉类消费更加多元化而增长趋缓，导致城乡消费差距明显缩小。对城镇居民来说，人均猪肉消费量已经逐渐趋于饱和，猪肉消费转向高端市场。农村则仍是一个潜力市场，但农村经济的发展和生产水平的提高，将会明显降低猪肉消费需求增速。

1.1.3 进口量高位下滑

猪肉进口高位下滑，出口小幅增加。2017 年，国内猪肉价格小幅下跌，主要猪肉出口国猪肉价格回升及美元汇率提高，缩小了国内外猪肉产品价差，中国规模以上定点屠宰企业白条肉出厂价格与欧盟猪肉批发价格的价差为 8.31 元 / 千克，

---

① 供给量是指表观消费量，为当年产量加上净进口量，下同

与上年相比缩小38.7%。国内供给增加、国内外价差缩小降低了中国猪肉进口需求，2017年生猪产品进口量为249.96万吨，与上年相比减少19.7%，其中，猪肉进口量121.68万吨，与上年相比减少24.9%。总体来看，2017年中国猪肉进口量从二季度开始呈现同比明显下降的特点。受国内猪肉产量恢复影响，2017年中国猪肉出口小幅增加，出口生猪产品33.06万吨，与上年相比增5.3%，其中，出口猪肉5.13万吨，与上年相比增5.7%，活猪出口12.26万吨，同比增2.2%，猪肉及活猪出口折合猪肉出口累计17.39万吨，同比增3.2%。

1.1.4 价格波动中下滑

2017年猪肉价格基本呈现出"上半年小幅下跌、下半年反弹回升"的走势，均价较上年小幅下跌。据农业部监测，2017年猪肉集贸市场平均价格为25.72元/千克，与上年相比跌12.3%。受春节消费旺季影响，2017年1月猪肉价格处于年度高点，为28.95元/千克。受产能恢复影响，2月开始持续下滑，7月跌至24.00元/千克，8月开始，消费季节性回升带动猪肉价格连续回升，9月达24.92元/千克。国庆后消费季节性下滑，猪肉价格小幅下跌，年末回升，12月为25.11元/千克。

活猪2017年均价较上年下跌17.4%。2017年生猪集贸市场平均价格为15.36元/千克。其中，养殖户对上半年生猪价格预期较高，出栏集中，生猪价格由1月的18.22元/千克持续下跌至6月的13.78元/千克，随后连续6个月总体处于涨势，尤其是四季度，供需基本平衡，12月为15.07元/千克。

仔猪价格二季度开始持续下滑。2017年一季度全国仔猪价格由1月的41.01元/千克涨至3月的43.64元/千克，4月开始持续回落，12月为30.50元/千克。

1.1.5 养殖效益较好

养殖成本下降，尽管猪价下跌，但生猪养殖盈利处于较好水平。2017年，生猪价格小幅下滑，玉米等饲料原料价格的下跌降低了生产成本，全年猪粮比价8.05∶1，与上年相比下降1.14个点，自繁自养养殖户出栏一头115千克的肥猪全年盈利水平在300元左右。从月度变化看，生猪价格和玉米价格均下跌，生猪价格降幅明显，猪粮比价由1月的9.59∶1降至7月的7.20∶1。下半年玉米价格较上半年有所回升，8月开始猪价回升带动猪粮比价回升，9—11月猪价相对较稳定，猪粮比价变动不大，在（7.45~7.50）∶1间浮动，年末猪价明显回升带动猪粮比价上涨至7.73∶1。就不同养殖模式来说，自繁自养养殖户由于仔猪成本优势，全年均能保持盈利；外购仔猪养殖户由于年初仔猪价格处于高位，生产成本较高，二季度猪价下跌导致亏损，但全年综合来看，一头115千克的肥猪依然能够保持100~200元纯收益。

1.2 未来 10 年市场走势判断

1.2.1 总体判断

生猪出栏量和猪肉产量由数量增长转向提质增效，增速下滑。在金融资本推动下，生猪产业开始纵向和横向整合、跨区域产能转移调整和产业细化分工，规模养殖企业在粮食主产区和适养区加速布局，饲料生产、饲养和屠宰加工、销售一体化企业产能比重开始提升，生猪产业由产量增加向提升产品竞争力转变，由依赖出栏增长向提高成本竞争力和品质竞争力转变。展望前期，生猪企业加速布局占领市场，产能保持较快增速；在实现产业转移和市场布局后，生猪产业将进入规模企业为主导的温和发展模式。2018 年生猪生产预计增加 1.5%。2020 年新布局产能将集中释放，猪肉产量达到 5 670 万吨。未来 10 年，中国生猪出栏量和猪肉产量年均增速将分别达 1.1% 和 1.4%，2027 年预计将分别达到 7.65 亿头和 6 110 万吨。

猪肉消费结构性优化，消费需求增速放缓。猪肉产量进一步增加，猪价小幅下跌带动猪肉引致消费量小幅增加，预计 2018 年猪肉供给量为 5 445 万吨，较上年增 0.9%；人均猪肉占有量为 39.31 千克，较上年增 0.4%。2018 年后受供给推动，猪肉消费量增速将会提高，2020 年总供给量达到 5 719 万吨，人均占有量达到 40.62 千克。未来 10 年猪肉供给量和人均占有量年均增速预计分别为 1.2% 和 1.0%，2027 年将分别达到 6 155 万吨和 43.08 千克。未来猪肉消费将会向精细化、多样化和品质化方向发展，冷鲜肉和深加工肉制品将由当前的 20% 提高至 50%以上，猪肉产品向品牌化发展，特色猪肉产品将丰富不同消费群体的差异化消费需求。

猪肉进口量将逐步减少，但仍保持相对较高水平。短期来看，生猪价格处于下降通道，国内外价差将有所下滑，2018 年中国猪肉进口量将明显下降，预计为 90万吨。随着国内生猪价格竞争力的提高，尽管国内外猪肉价差将长期保持，猪肉仍将保持净进口状态，展望期内猪肉进口量预期将逐步缩小，2020 年回落至 70 万吨，之后总体保持 60 万 ~80 万吨，出口量将稳中有增。

产能增长带动展望前期生猪价格稳中有降，展望中后期将再次回升。短期来看，生猪供应继续增加，预期 2018 年生猪价格将继续较上年小幅下跌。国内玉米等饲料原料价格预期稳中略涨，饲料成本和环保税实施都会带动总生产成本稳中略增，预计生猪价格在 11~15 元 / 千克，生猪养殖处于小幅盈利水平。长期来看，产业化、规模化和现代化的养殖模式将带动生猪生产效率提高，生猪养殖废弃物资源化利用将会减少环保成本支出，预期生猪养殖成本将总体呈稳中略降趋势，在 2020 年后生猪价格将可能再次回升。

1.2.2 生产展望

生猪生产规模化程度进一步提高。规模企业和饲料企业加速产业布局，龙头企业成本竞争力突显。大规模企业布局养猪业始于2015年，猪价高位下跌并未影响企业布局势头和速度，布局模式多样化。"十三五"期间，生产、屠宰加工一体化企业将会继续快速增加，中国生猪养殖规模化水平将提速。在环保政策及市场竞争压力下，中国生猪养殖业将进一步整合，年出栏500头以上生猪养殖规模化程度预计在2020年后将超过60%，公司＋农户将逐步成为主要生产模式之一，有利于推动生猪专业化、产业化和区域化生产。

短期来看，2018年猪肉产量同比增1.5%。适养区养殖户积极补栏，规模企业在粮食主产区加速布局，能繁母猪产能将会继续恢复，但环保税的实施一定程度上抑制了产量增速，生猪供应预计小幅增加1.2%，猪肉产量恢复性增长到5 420万吨，增幅1.5%。受养殖收益较好影响，适养区及东北、内蒙古等粮食主产区养殖户和养殖企业均继续扩张，在环保重压下，生猪产能平稳恢复。2018年1月1日开始实施《中华人民共和国环境保护税法》（以下简称《环保税法》），环保税政策具体实施将在探索中落地，提升了生猪生产成本，将显著降低中小规模户扩产积极性，规模企业得益于废弃物处理循环能力和多样化养猪模式，产能的扩张速度影响较小。随着规模化程度的提升以及生产水平的提高，未来生猪养殖总出栏量的增长将不再单纯依赖高母猪存栏，单位产能增长或将实现减量增产。专业化、区域化分工趋势越来越明显，规模企业的成本优势将会进一步突显，部分中小养殖户将转向专业的育肥场，生猪跨区域调运量增多。

长期来看，未来10年生猪出栏量和猪肉产量将分别年均增加1.1%和1.4%（表8-1）。未来中国生猪生产向种养结合、提质增效转变。生猪养殖连续3年保持较高利润，多个农牧企业多个生猪养殖项目落地东北地区及西南地区，山东、河南等生猪主产省及东北地区在龙头企业带动下产能也稳中略增。从2018年开始，规模企业产能将进一步释放，生猪产能持续温和增长，2020年生猪出栏量将达到7.25亿头，猪肉产量为5 670万吨，猪价将会降至周期低点。需求增速继续放缓和猪价下跌导致猪肉产量小幅下降，2021年带动猪价开始回升。生猪生产将进入调整期，开始新一轮的产业兼并整合，展望后期猪肉产量增速将会逐步放缓。未来10年生猪出栏量年均将增加1.1%，2027年出栏量将达到7.65亿头；胴体重将增至79.90千克，年均增0.3%；猪肉产量预计年均增长1.4%，达到6 110万吨（图8-1）。

表 8-1　中国猪肉产量年均变动率

项目	2008—2017 年	2015—2017 年	2018—2027 年 *	2027 年 *
年均产量 / 万吨	5 228	5 375	5 770	6 234
产量年均变动率 / %	1.6	−1.3	1.4	—

数据来源：* 为预测值，其余数据来自中国国家统计局

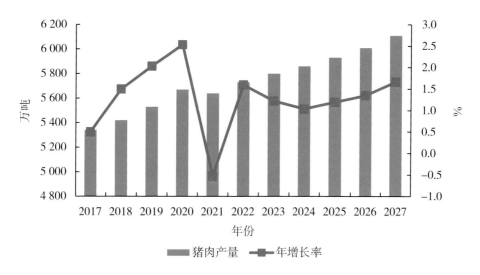

图 8-1　2017—2027 年中国猪肉产量及年均增长率

数据来源：2017 年猪肉产量来自中国国家统计局

1.2.3　消费展望

短期来看，2018 年猪肉供给总量明显增加，猪肉人均占有量均将稳中有增。预计 2018 年猪肉供给量将较上年增长 0.9%，为 5 445 万吨。猪肉人均占有量小幅增加 0.4%，达到 39.31 千克。

未来 10 年猪肉供给量增速略高于人均占有量增速，分别年均增 1.2% 和 1.0%。随着我国城镇化水平的提高，农村居民逐步转换为城镇居民，同时全国人均消费水平稳步提升，猪肉消费总量将有望继续温和、阶段性增长。城乡居民的消费习惯正逐渐向重视食品安全和偏好高品质方向发展，有利于一体化发展、食品安全可追溯的大型生猪养殖企业发展和行业集中度逐步提升，行业竞争力进一步改善。随着年轻消费者逐渐成为消费的主体，冷鲜肉和深加工肉制品将成为消费的主流，展望中后期，冷鲜肉的消费比重将会提高到 50% 以上。受生猪产能加速释放推动，2020 年猪肉供给量和人均猪肉占有量将分别达到 5 719 万吨和 40.62 千克，之后规模化水平提高和需求动力下降。产能增速趋稳，2027 年预计分别为 6 155 万吨和 43.08 千克（图 8-2）。

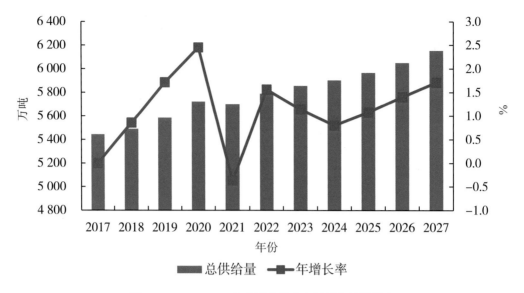

图 8-2　2017—2027 年中国人均占有量及年均增长率

　　未来 10 年居民人均猪肉家庭年消费量增速明显放缓。受老龄化人口增加以及猪肉消费结构调整影响，未来 10 年中国居民家庭人均猪肉消费量年均增速 1.0%，较上一个 10 年增速降低 1.5 个百分点，由 2017 年的 19.96 千克增至 2027 年的 21.27 千克（表 8-2）。其中，农村居民家庭猪肉消费将成为拉动中国猪肉消费的关键点之一，农村居民家庭人均猪肉消费量将由 19.00 千克增至 21.15 千克，年均增长 1.1%；城镇居民家庭人均猪肉消费量将由 20.30 千克增至 21.34 千克，年均增长 0.5%。

表 8-2　中国居民家庭人均猪肉消费量及年均变动率

项目	2008—2017 年	2015—2017 年	2018—2027 年 *	2027 年 *
居民家庭消费量 / 千克	18.53	19.87	20.62	21.27
消费变动率 / %	2.5	-1.0	0.7	—

数据来源：* 为预测值，其余数据来自中国国家统计局

1.2.4　贸易展望

　　随着中国进入老龄化、城镇猪肉消费需求的饱和，收入提高对猪肉总需求量的刺激将会减弱。由于国内外猪肉产品消费结构差异，欧美主要猪肉出口国以及南美洲国家对中国猪肉市场的重视，杂碎进口仍然保持较高水平，猪肉进口随着中国猪肉产能恢复将会继续下降，但仍将保持一定的水平。

　　短期来看，2018 年猪肉进口量继续下降。受猪肉产量将明显恢复影响，生猪价格预计下降，2018 年猪肉进口量将明显下滑，预计为 90 万吨左右。长期来看，

猪肉进口量将在2020年降至70万吨以下，展望后期有所波动，基本在60万~80万吨，总体仍将保持净进口量状态（图8-3）。

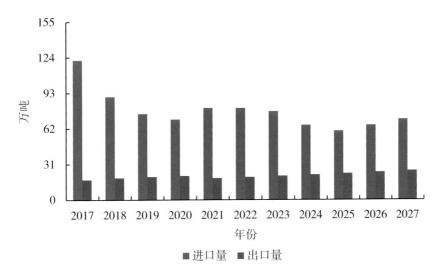

图 8-3 2017—2027 年中国猪肉进口量和出口量

数据来源：2017 年猪肉供给量来自中国国家统计局；出口量包括猪肉和活猪，活猪按照 70% 的出肉率折算

出口方面，猪肉出口量将保持稳中有增。中国猪肉出口量将恢复性增长，随着产品品质和竞争力水平的提高，后期出口量将会稳中有增。预计 2018 年猪肉出口量（包括活猪）为 19 万吨，同比增 10%；2020 年猪肉出口量将恢复至 21 万吨，随后将基本保持小幅增加，2027 年为 25 万吨。

1.2.5 价格展望

近期来看，2018 年猪肉市场价格将延续上一年的走势，稳中有跌。2018 年适养区养殖户和养殖企业，特别是东北和内蒙古等生猪潜力增长区，生猪产能仍保持较快增长，生猪供给速度将会加快。预期 2018 年生猪价格仍将继续处于下跌通道，全年生猪和猪肉价格分别为 11~15 元 / 千克和 22~27 元 / 千克。

长期来看，预期中国猪肉市场价格 2020 年前总体将呈跌势，之后进入新一轮的上涨周期。国内生猪养殖规模化水平、产业化水平不断提高，供给能力开始恢复，而猪肉消费需求相对稳定，2018 年猪价将会继续处于缓慢下降通道，2020 年将会达到本轮价格周期的波谷。本轮周期的价格低点将会导致来年生猪供给的回调，猪价将会继续进入下一轮价格周期的上涨通道。

1.3 不确定性分析

本展望报告是在稳定的经济、政策、生产、消费和环境等条件下进行的预测，疫病（如俄罗斯伊尔库茨克发生的非洲猪瘟等外来动物疫病如果传入会导致我国生猪业遭受毁灭性打击）、环保税、消费习惯、产业布局等变化，均可能对未来中国的猪肉产量、消费、市场价格、贸易等产生影响，导致预测结果产生偏差。

1.3.1 粮食主产区生猪产能扩张速度影响供给增量

我国生猪产业正处于规模化、组织化、区域化和产业化发展过程中，大型饲料企业如新希望、大北农和屠宰企业进入养殖行业表明，行业纵向和横向整合开始加快，粮食主产区的生猪产能释放将是未来生猪产能增加的主要推动力之一。东北地区生猪养殖适应性还必须加强研发支持。猪生长的较适宜温度是14~23℃，而东北三省和内蒙古因纬度较高，气候寒冷，冬季漫长，提高了保温成本，降低仔猪成活率，给生猪养殖带来一定的制约。从美国生猪产业和种植业融合经验可以看出，尽管东北地区是玉米、大豆等饲料原料的主产区，但是需要从规模化、组织化、产业化及流通、消费模式进行相应的调整，才有助于推动生猪产能转移。猪价波动、粮食产区的营商环境、环保税等都将会影响粮食主产区生猪产能的释放，进而影响总体的生猪供给。

1.3.2 环保税的实施影响产业结构和发展速度

《环保税法》于2018年1月1日起实施。没有生产经营行为的或者按要求排污且符合环保标准、符合畜禽养殖污染防治要求的，不征收环保税。畜禽养殖场征收环保税仅对存栏规模大于500头猪等的畜禽养殖场征收。养猪场存栏500头及以上的养猪场主要排放的污染物是水污染物和固体污染物。此外，《环保税法》出台前，规模养殖企业排放污染废弃物除了要达标排放外，也是需要缴纳一定排污费的。环保税的征收一定程度上将会提高规模化养殖的成本，自繁自养企业产能扩张速度将受到影响，公司＋农户的养殖模式发展将会更快。据估算，环保税的实施将会提高生猪成本0.15~0.30元/千克。产能扩张速度放缓，将会有利于市场消化增加产能，有利于猪价的平稳。供给充裕的前提下，也会导致部分养殖户亏损，进一步拉长了产能恢复时间，延长了价格周期。

1.3.3 热鲜肉消费向冷鲜肉和深加工肉制品的转变

冷鲜肉运输不但降低运输成本，而且更有利于保障肉质，便于产销区间供需调节。尽管当前活猪全国流通，活猪运输存在运输半径问题，随着运输距离的加大，成本优势将会逐渐下降。大量活猪南运，不仅容易引发疫病传播，而且粮食产区生猪产能提高更将导致华北地区生猪供给过剩。要有效释放产能，保障猪肉供给，就必须改变现在以热鲜肉为主的消费方式，向冷鲜肉和深加工猪肉产品的消费方式转变。据中商产业研究院统计的数据，2015年冷鲜肉消费占猪肉总消费量的比例由

2005 年的 2% 增至 2015 年的 20%。要引导未来冷鲜肉和深加工肉制品成为主流消费产品，需要政府、企业两个层面，由政府出台具体政策和措施引导、支持和鼓励冷鲜肉的冷链销售，企业加大产品研发力度，通过不同媒体发布和宣传冷鲜肉产品营养和品质信息，引导消费群体猪肉消费结构的转变。

2 禽肉

中国是禽肉生产和消费大国，近 10 年来，禽肉产量增速逐步放缓。2017 年，中国禽肉产量 1 897 万吨，与上年相比增加 0.5%；进口量[①]45.21 万吨，与上年相比减少 23.8%；出口量 50.78 万吨，与上年相比增加 10.9%；人均消费量[②]13.6 千克，与上年相比减少 1.4%。受消费增长动力不足的影响，价格低位运行，全年均价比上年低 6%~8%，各品种间有所差异。展望未来 10 年，随着农业供给侧结构性改革的深入推进，禽肉生产质量效益显著提升，经济发展、人口增长和城镇化推进是拉动消费增加的主要动力，由于消费转型升级过程加快，消费将主导肉禽产业链发展，预计产量和消费量温和增长，进出口稳中有增，价格也将受成本推动呈波动上涨趋势。

2017 年肉禽养殖效率与质量双提升，尽管白羽和黄羽肉鸡产能有所调减，预计 2018 年禽肉产量仍将稳中有增，消费有望恢复增加。展望期内，禽肉总体供需继续保持基本平衡格局，预计到 2020 年产量将达到 1 958 万吨，消费量 1 963 万吨；2027 年产量将达到 2 163 万吨，消费量 2 155 万吨，人均消费量 15.1 千克。

2.1 2017 年市场形势回顾

2.1.1 产量稳中略增

2017 年年初受前期产能扩张的影响，禽肉产量稳步增加，但由于 H7N9 影响，活禽销售受到限制，倒逼产业调减产能，产量增速放缓。据国家统计局数据，2017 年，中国禽肉产量 1 897 万吨，与上年相比增加 0.5%，禽肉在肉类生产中的占比为 22.5%。禽肉生产形势具体表现为：白羽肉鸡祖代种鸡引种量继续下降，存栏量维持较低水平，在产父母代种鸡存栏量自第四季度起下降，但商品代肉鸡供应依然充足。黄羽肉鸡产业受上半年行情低迷导致亏损严重的影响，主动调减产能，据估计，父母代种鸡存栏量下降 10%~15%。在外部冲击和市场机制的作用下，产业产能动态调整，禽肉产量总体保持稳中有增态势。

[①] 禽肉进口包括禽肉及杂碎、加工禽肉（少量）
[②] 人均消费量指人均表观消费量，即（产量＋进口量－出口量）/总人口，下同

2.1.2 消费较为低迷

2017 年，禽肉消费比较低迷，人均消费量 13.6 千克，与上年相比减少 1.4%。从居民家庭消费来看，人均消费量由 2013 年的 7.2 千克增加至 2016 年的 9.2 千克，2017 年约为 9.0 千克。禽肉消费减少主要有两个原因：一是年初 H7N9 的影响较为复杂，居民消费信心受到严重冲击；二是华东、华南等地区关闭活禽交易市场或强制性休市，西南地区禁止活禽运输，导致禽肉消费渠道受阻。此外，猪肉、禽蛋等替代品价格亦处于下行通道，缺乏替代消费支撑。禽肉消费继续呈现多元化特点，白羽肉鸡产品洋快餐、集团消费减少，黄羽肉鸡逐步开拓新的产品，不断强化冰鲜、加工等多种消费形态，并通过电商等新业态进入居民消费领域。受消费转型影响，估计活禽消费减少 20%~30%。

2.1.3 价格低位运行

2017 年，受市场供给充足、消费不旺以及饲料价格偏弱影响，禽肉价格低位运行。全年活鸡和白条鸡集市均价分别为 17.34 元 / 千克和 17.93 元 / 千克，与上年相比分别下跌 7.8% 和 6.0%。年内价格波动幅度较大，呈前低后高走势。1—6 月价格持续下跌，7 月企稳回升后连涨 6 个月。从周价看，下跌 21 周（占四成时间），上涨 31 周。下半年价格恢复上涨的主要原因是产业主动调减产能、环保限产以及季节性因素。截至年末，月度均价已上涨至 19.00 元 / 千克左右，略高于上年同期水平。

2.1.4 养殖效益收窄

尽管 2017 年饲料价格维持低位，但市场行情低迷，肉禽养殖效益受到挤压，全年只鸡平均利润 1~2 元，较上年明显收缩，跌幅 20% 以上。白羽肉鸡产业上半年受强制换羽的影响，仍维持较大规模，养殖效益收缩甚至亏损；下半年以来，随着强制换羽带来的新增产能逐步释放完毕，以及环保政策的实施，部分散户退出和小规模养殖企业停产或关闭，毛鸡棚前收购价节节走高，最高价一度超过 8.0 元 / 千克，养殖利润不断扩大。黄羽肉鸡产业在上半年价格大幅下跌的影响下，亏损严重，随着下半年市场回暖，养殖逐步走向盈利，第四季度只鸡盈利高达 10 元左右。

2.1.5 贸易顺差扩大

2017 年，禽肉贸易顺差扩大，达到 6.21 亿美元，比上年增加 2.15 倍。禽肉产品进口量 45.21 万吨，与上年相比减少 23.8%；进口额 10.50 亿美元，与上年相比减少 20.1%。出口量 50.78 万吨，与上年相比增加 10.9%；出口额 16.73 亿美元，与上年相比增加 10.6%。禽肉进口主要是冰鲜、冷冻禽肉及杂碎，85% 的进口来自巴西，其次是阿根廷和智利。出口产品中，加工禽肉和冰鲜、冷冻禽肉及杂碎各占半壁江山。加工禽肉主要销售至日本、中国香港、荷兰、韩国、英国、德国、比利时和爱尔兰；冰鲜、冷冻禽肉及杂碎主要销售至中国香港和中国澳门、伊拉克、巴林、塔吉克斯坦、蒙古国、阿富汗、马来西亚和格鲁吉亚，对上述 9 个国家（地区）的出口量占总出口量的 97.7%。

2.2 未来 10 年市场走势判断

2.2.1 总体判断

生产步入稳定发展期。由于上年在产父母代种鸡存栏量持续下降，2018 年上半年禽肉产量预计有所缩减，下半年受偏强市场行情的刺激产量会逐步增加，如果不发生重大疫情，预计全年产量稳中有增，达到 1 908 万吨，比 2017 年增长 0.6%。随着国家乡村振兴战略的实施，肉禽产业加快转型升级，将以规模化、标准化和绿色化发展为导向，2020 年产量将达到 1 958 万吨，比 2017 年增长 3.2%。展望后期，禽肉生产更加理性，预计 2027 年产量将达到 2 163 万吨，比 2017 年增长 14.0%。

消费转型步伐加快。随着多地相继出台鼓励冰鲜消费的政策措施，禽肉消费加快转型。由于多元化禽肉产品的推出，消费者饮食结构升级加快，预计 2018 年城乡居民禽肉消费稳中有增，人均消费量为 13.7 千克；2020 年人均消费量达 14.0 千克，比 2017 年增长 2.9%。展望后期，预计 2027 年人均消费量将达到 15.1 千克，比 2017 年增长 11.0%。随着国家对肉禽屠宰进一步规范化，冰鲜禽肉消费的优势加快显现。

价格呈波动上升态势。预计 2018 年禽肉价格将高于 2017 年水平，全年均价 19 元 / 千克左右。年内价格呈前高后稳走势，受上年供给减少趋势延续的影响，上半年价格维持高位，随着价格的持续上涨将会部分抑制消费，下半年价格将平稳运行。2020 年，由于生产成本刚性增加，将对价格上行形成一定支撑，预计价格在 20 元 / 千克以上。展望后期，饲料成本仍将维持较高水平，加之人工、环保成本增加，预计禽肉价格将波动上行。

进出口稳步增加势头显现。受不确定贸易政策的影响，预计 2018 年禽肉出口量接近 50 万吨，比 2017 年减少 4.7%。但也存在贸易环境利好的方面，中国与格鲁吉亚自贸协定生效，WTO 仲裁欧盟禽肉进口配额制违规，"一带一路"建设深入推进，都将有利于扩大禽肉出口。展望期间，由于国内外禽肉消费的偏好不同，产品结构存在互补性，以及在国内外价差的驱动下，禽肉进口将呈波动增加趋势。预计 2020 年禽肉出口 45.0 万吨，进口 50.5 万吨；2027 年禽肉出口 55.9 万吨，进口

47.8 万吨，分别比 2017 年增长 5.7% 和 10.0%。

2.2.2　生产展望

　　禽肉生产将保持平稳增长态势。受 2017 年上半年行情低迷的影响，以及环保政策实施的限制，下半年以来肉禽业产能明显调减，2018 年上半年将延续较低产能，预计产量下降；下半年随着价格的持续高位，刺激生产增加，预计 2018 年禽肉产量为 1 908 万吨，比 2017 年增加 0.6%。随着农业供给侧结构性改革的深入推进以及畜牧产业精准扶贫政策，规模养殖设施改善，养殖标准提高，肉禽产业发展质量不断提升，预计 2020 年产量将达到 1 958 万吨，比 2017 年增长 3.2%；展望期末，随着国家乡村振兴战略的实施，在规划引领、政策引导、技术指导下，将会涌现一批优质肉禽养殖企业和品牌企业，肉禽产业品牌竞争力得到显著提升，2027 年产量将达到 2 163 万吨，比 2017 年增长 14.0%（图 8-4）。

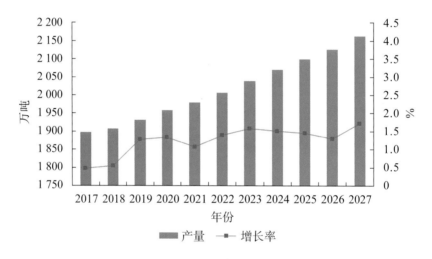

图 8-4　2017—2027 年中国禽肉产量变动趋势

数据来源：2018—2027 年数据为中国农业科学院农业信息研究所 CAMES 预测

　　肉禽产业链整合速度加快。由于市场需求变化，肉禽育种发生重要变革，生长速度慢、节粮型、高品质的品种将成为主攻方向。肉禽生产更加注重产业链的延伸，从最初的同质化初级产品拓展到多样化的精深加工产品以及衍生品。产业链高效整合速度进一步加快，实现从上游的饲料生产、种鸡繁育、商品代鸡饲养到下游的屠宰加工以及食品生产，整个产业链条的一体化布局，预计到 2020 年产业集中度将提高至 40%~50%。产业数字化生态链的构建将加速进行，并重点突出标准化和可追溯性，持续提升产品质量。肉禽业将逐步转向食品领域，加工禽肉产品更加注重包装、形状、口味创新，突出时尚、休闲化。

2.2.3 消费展望

消费总量保持稳定增长。随着人口数量的增加，居民肉类消费升级，预计 2018 年禽肉总消费量 1 909 万吨，比 2017 年增加 1.0%。展望期间，城镇化推进农村居民进城和城乡居民收入增加带来消费需求提升，特别是全面脱贫攻坚取得决胜以及全面建成小康社会后带来的禽肉消费需求增加，将打破现阶段禽肉消费增速低位徘徊的局面，消费总量将呈刚性增长，但由于人口老龄化，消费增长势头趋弱。预计 2020 年消费总量将达到 1 963 万吨，比 2017 年增长 3.8%；2027 年将达到 2 155 万吨，比 2017 年增长 13.9%。

人均消费量继续提高。预计 2018 年人均消费量将达到 13.7 千克，与上年相比增长 0.7%；2020 年有望达到 14.0 千克，比 2017 年增长 2.9%。2027 年人均禽肉消费量将达到 15.1 千克，比 2017 年增加 11.0%（图 8-5）。其中，农村居民的消费增加比较快，年均增 3.1%，城乡居民的禽肉消费量差距将逐步缩小。

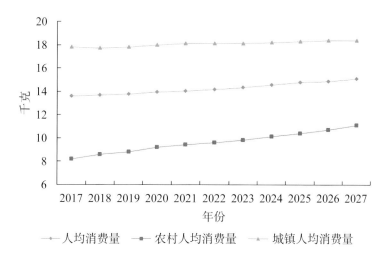

图 8-5 2017—2027 年中国禽肉消费变动趋势

数据来源：2018—2027 年数据为中国农业科学院农业信息研究所 CAMES 预测

注：国内人均消费量是根据（产量 + 进口 – 出口）除以人口计算得出；城镇人均消费量包括户外餐饮和家庭消费

消费将体现品质和品牌化。展望期间，随着居民生活水平的提高，营养知识的普及、传统加工手艺的工艺化和冷链物流的快速发展，城乡居民对禽肉消费增加的同时，对有特色风味、包装精美、富含营养的高品质和品牌产品需求显著提升。与此同时，随着消费需求的变化，食品科技的进步，潮流化、功能化、绿色化的禽肉产品消费市场增长空间巨大。

2.2.4 贸易展望

出口量有望增加。短期内，受不确定贸易政策的影响，预计 2018 年禽肉出口量 48.4 万吨，比 2017 年减少 4.7%。但禽肉出口也面临着利好环境，2018 年中国与格鲁吉亚的自贸协定正式生效，实施出口零关税，将有利于扩大对格鲁吉亚的禽肉出口。与此同时，欧盟的禽肉进口关税配额制被认定违反世贸规则，中国的进口配额有望增加，将带动禽肉出口量增长。展望期间，随着"一带一路"建设的深入推进，对外贸易投资环境不断改善，将有利于促进对东南亚、中亚、西亚、中东等国家的出口，预计 2020 年禽肉出口 45.0 万吨，比 2017 年减少 11.4%，2027 年出口 55.9 万吨，比 2017 年增长 10.0%。2018—2027 年，禽肉出口量年均增长 1.0% 左右。

进口量稳中有增。短期内，禽肉进口会稳中有增，预计 2018 年进口量 50.3 万吨，比 2017 年增长 11.3%。主要考虑到来自波兰、俄罗斯和美国的进口。目前，上述国家均在积极推动其禽肉产品对中国输出。与此同时，2018 年中国终止了对美国白羽肉鸡产品采取的"双反"措施，进口增加的可能性较大。展望期内，受产品结构互补和国内外价差驱动，禽肉进口增加，2020 年进口量为 50.5 万吨，比 2017 年增长 11.7%；2027 年进口量为 47.8 万吨，比 2017 年增长 5.7%（图8-6）。

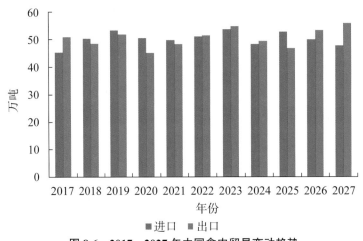

图 8-6　2017—2027 年中国禽肉贸易变动趋势

数据来源：2018—2027 年数据为中国农业科学院农业信息研究所 CAMES 预测

贸易结构相对稳定。展望期间，禽肉进口仍将以冻鸡翅、鸡爪、鸡腿分割品以及鸡杂等副产品为主，出口主要是熟制加工品，其中，鸭产品出口有望增加。鲜冷冻禽肉及杂碎进口主要来自美洲国家，加工禽肉产品出口日本、韩国等亚洲国家，以及荷兰、德国、比利时、英国等欧洲国家。对亚洲周边国家的鲜冷冻禽肉出口稳步增加。未来 10 年，禽肉贸易区域结构将保持相对稳定。

2.2.5 价格展望

短期内禽肉价格将上涨。由于饲料价格小幅抬升，环保成本增加，预计 2018 年禽肉价格将高于 2017 年的价格水平，全年均价在 19 元 / 千克左右。2018 年禽肉价格高位运行主要受祖代和父母代种鸡存栏量持续下滑以及国家开始征收环保税的影响，预计行业发展将更加注重质量效益，上半年产量继续缩减，支撑价格上涨，但由于季节性因素，上涨幅度不会太大；下半年运行将会相对平稳，呈现季节性波动规律。

长期看成本提高推动价格上行。饲料、人工、防疫、环保等成本的长期上升趋势，将助推未来禽肉价格不断上行。但重大疫情、替代品价格等多重外在因素将对禽肉价格带来影响，会导致价格波动。肉禽生产周期短，市场调节快，价格周期性波动较为频繁，但总体稳中向上。未来 10 年，禽肉价格的年均涨幅不会超过 3%，上涨速度较过去 10 年有所放缓。

2.3 不确定性分析

2.3.1 家禽疫病对市场带来冲击

家禽生产中，一直面临着各种疾病的困扰，特别是禽流感。近年来，新出现的 H7N9 对肉禽生产、市场和贸易带来较大影响。国家已经加大疫苗研发投入，并积极推动全面开展家禽 H7N9 免疫。由于禽流感病毒具有高度变异性，有效防控禽流感疫情依然面临巨大挑战。纵观全球，突发性疫病对家禽市场带来的冲击很难预测。2018 年初日本、韩国、柬埔寨、南非、尼日利亚、以色列、英国和法国等国家先后暴发禽流感，国际禽流感疫情对中国市场的影响主要是制约种禽进口。近年美国、法国、波兰的相继封关，对国内市场带来了一定影响。未来 10 年，受不确定的疫情影响，中国肉禽产业的发展和市场行情存在很大的变数。

2.3.2 环保转型影响产业规模

近年来，国家颁布一系列新法律法规，如《环境保护税法实施条例》（国务院令第 693 号，2017 年）、《中华人民共和国环境保护税法》（主席令第 61 号，2016 年）、《土壤污染防治行动计划》（国发 31 号，2016 年）、《水污染防治行动计划》（国发 17 号，2015 年）等，对肉禽生产带来一定影响。随着环保政策的实施，全国将持续推进畜禽养殖废弃物的资源化利用，部分地区划定禁养和限养区，畜禽生产受到一定制约，养殖规模或呈缩减态势。与此同时，乡村振兴战略为发展特色、绿色、生态养殖指明了方向，产业环保转型将导致成本上升，但有利于全产业链一条龙企业的发展，大型企业产能扩张主要有赖于市场潜力的深度挖掘。肉禽产业的环保转型在提升养殖技术、抗风险能力和产业发展质量的同时，对产量的增长速度会有一定影响。

2.3.3 消费转型影响有待观察

随着公众对公共卫生事件的关注度不断提高，活禽消费方式将会被逐步取代。目前，我国南方地区黄羽肉鸡主要以活禽消费为主，占比高达95%以上。尽管"集中屠宰，冰鲜消费"是大势所趋，但冰鲜消费对黄羽肉鸡产业带来巨大挑战。一方面，南方居民的饮食习惯短期内难以改变，另一方面，品种自身的屠宰加工性能以及风味口感存在制约性。消费转型要通过科技进步和技术创新来改变过去的生产加工方式，但也有赖于相关政策的制定和实施。据估计，目前冰鲜消费在整个禽肉消费中的占比仅为2%。在政策和市场双轮驱动下，禽肉消费转型的过程还有待观察，短期和长期内对禽肉市场都将产生一定的影响。

3 牛羊肉

在政策扶持和市场拉动下，中国牛羊产业稳步发展，牛羊肉产量持续增加，占肉类总产量的比重继续提高。2017年，牛肉、羊肉产量分别达到726万吨、468万吨，较上年分别增长1.3%、1.8%，继续保持增长势头；全年消费继续增加，供需仍然偏紧；牛肉价格保持稳定，羊肉价格涨势明显；牛肉进口继续增加，羊肉进口明显回升。展望期内，牛羊养殖模式逐渐由粗放增长型向集约发展型转变，大力推进牛羊供给侧结构性改革，力争降低生产成本、提高质量、增加效益，不断提升牛羊肉的综合生产能力。预计2018年，牛羊肉产量均较2017年增长1.7%；到2020年，牛肉、羊肉产量分别为770万吨、501万吨；到2027年，牛肉、羊肉产量分别达863万吨、581万吨左右。随着人口继续增加和消费结构升级，消费需求将稳步提升。长期来看，牛羊肉价格稳中略涨，年际间略有波动。受牛肉消费增加和国内供给偏紧的影响，牛肉进口量保持增加，羊肉则由于国内消费习惯和产能提升，进口量相对平稳。

3.1 2017年市场形势回顾

3.1.1 产量增速放缓

2017年，国家继续推进畜牧业供给侧结构性改革，推进实施《全国草食畜牧业发展规划（2016—2020年）》，坚持稳生猪、促牛羊的发展目标，科学指导草牧业加快发展。在一系列畜牧政策的扶持和拉动下，牛羊肉生产保持良好发展势头，牛羊肉产量再创新高。全年牛肉产量726万吨，较上年增长1.3%，羊肉产量468

万吨，较上年增长 1.8%。牛羊肉产量占肉类总产量的比重继续上升。2017 年，牛羊肉总产量达到 1 194 万吨，占肉类总产量的比重达到 14.2%，已经连续 5 年上升，达到近 10 年来的最高。由于前几年活牛、活羊价格下跌，部分养殖场和养殖户压缩产能，2017 年牛羊肉产能处于恢复期，产量增速较上年有所放缓。

3.1.2 消费稳步增加

随着社会经济的发展和人民收入水平的提高，牛羊肉产品消费提档升级步伐加快，牛羊产品市场需求旺盛并呈现多元化发展。传统的牛肉消费一直是以农贸市场的热鲜肉和冷冻牛肉为主，目前，冷鲜肉和冰鲜肉也陆续开始走上消费者的餐桌，其他牛羊肉加工产品消费也有所增加。2017 年，牛肉、羊肉消费量分别为 796 万吨、493 万吨，较上年分别增长 2.8% 和 2.6%。与上年相比，消费增速有所放缓，但牛羊肉供需缺口仍然存在，供需仍然紧张。

3.1.3 牛肉价格稳中略涨，羊肉价格下半年反弹

牛肉价格稳中略涨。2017 年全国牛肉集市均价每千克 62.75 元，与上年相比涨 0.1%。从全年走势看，牛肉价格依然保持了季节性波动的特点，从春节时的高价开始回落，到 7 月达到年内最低谷，之后开始回升，12 月达到年内价格最高峰，每千克 64.18 元，牛肉的价格走势基本与市场需求相吻合，牛肉消费淡旺季的界限逐渐模糊。

羊肉价格下半年反弹。2017 年全国羊肉集市均价每千克 55.92 元，与上年每千克 55.93 元的水平基本持平，但仍低于 2013—2016 年平均每千克 61.12 元的水平。从全年走势看，羊肉价格也呈现出先跌后涨态势，但由于市场需求旺盛与供给阶段性偏紧叠加，导致 2017 年下半年以来羊肉价格出现了持续较快上涨。12 月羊肉价格达到全年最高，也是近两年最高水平，为每千克 59.96 元，较上年同期高 8.6%（图 8-7）。

3.1.4 牛羊肉进口增加

牛肉进口继续增加。受国内需求继续增长和国内外价格倒挂的影响，2017 年牛肉进口连续 6 年增加，全年进口量达到 69.5 万吨，较上年增长 19.9%，涨幅仍然较大。从进口来源看，由于价格优势，南美洲仍然是我国最主要的牛肉进口来源地，来自巴西、乌拉圭、阿根廷的牛肉进口量占中国牛肉进口总量的 69.0%。其中，巴西是第一进口来源国，进口量占进口总量的 28.4%，乌拉圭进口增长较快，进口量接近巴西进口量，进口占比达到 28.2%。澳大利亚是第三大进口来源国，进口占比 16.7%。2017 年 6 月开始，中国正式恢复进口美国牛肉，但全年进口量不大，仅进口 2 204.79 吨。从出口来看，牛肉出口继续下降，全年仅出口 921.87 吨，较上年下降 77.8%，中国香港和朝鲜是主要的出口目的地，出口量分别占出口总量的 65.3%、22.8%。

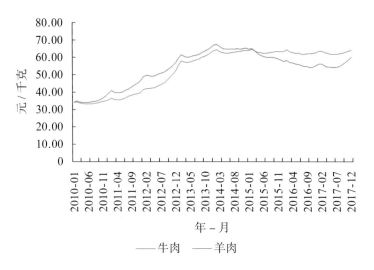

图 8-7　2010—2017 年牛羊肉月度集市价格

数据来源：中国农业部畜牧业司

羊肉进口明显回升。受需求增长和国内供给阶段性偏紧的影响，2017 年羊肉进口增长明显，全年进口量达到 24.90 万吨，较上年增长 13.1%。从进口来源看，新西兰和澳大利亚仍然是主要的羊肉进口来源国，分别占羊肉进口总量的 57.1%、41.1%，其余进口来自乌拉圭和智利，但进口量较少，仅占进口总量的 1.9%。从出口来看，羊肉出口有所增加，全年出口总量 5 158.37 吨，较上年增加 27.1%。中国香港仍是最主要的出口目的地，占出口总量的 87.6%。朝鲜和中国澳门是第二、第三大出口目的地，但出口量较小。中国对中东国家的羊肉出口明显下降（图 8-8）。

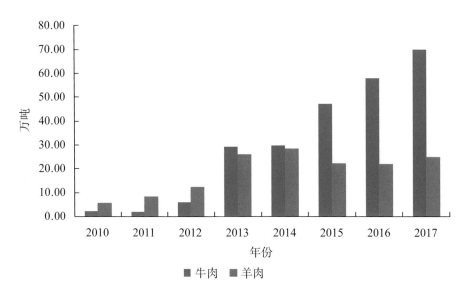

图 8-8　2010—2017 年中国牛羊肉进口情况

数据来源：中国海关

3.2 未来 10 年市场走势判断

3.2.1 总体判断

规模化程度继续提升，牛羊肉产量保持增长。随着科技不断进步和草食畜牧业加快转型升级，肉牛肉羊的生产布局趋于优化，规模化水平继续提升，综合生产能力不断提高，牛羊肉产量保持增长。预计 2018 年，牛羊肉产量分别达到 738万吨、476 万吨，均较 2017 年增长 1.7%。到 2027 年，牛肉产量达 863 万吨左右，比 2017 年增长 18.8%，年均增长 1.7%；羊肉产量达 581 万吨左右，比 2017 年增长 24.1%，年均增长 2.2%（图 8-9、图 8-10）。

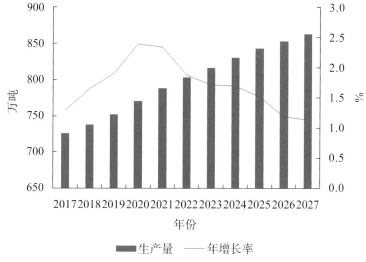

图 8-9 2017—2027 年中国牛肉产量及年增长率

数据来源：2017 年数据来源于中国国家统计局，2018—2027 年数据为中国农业科学院农业信息研究所 CAMES 预测

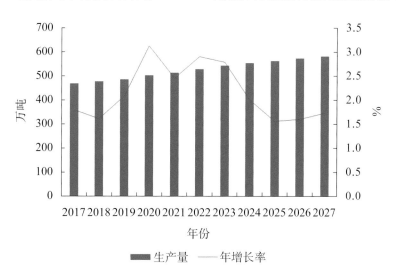

图 8-10 2017—2027 年中国羊肉产量及年增长率

数据来源：2017 年数据来源于中国国家统计局，2018—2027 年数据为中国农业科学院农业信息研究所 CAMES 预测

消费方式呈现多元化，消费量保持增长。随着居民收入不断提高，城镇化深入推进，牛羊肉消费占肉类消费的比重不断提高，消费需求稳步提升。预计2018年，中国牛肉消费量为817万吨，较2017年增长2.6%，羊肉消费量502万吨，较2017年增长1.8%。到2027年，牛羊肉消费量分别为985万吨、608万吨，较2017年分别增长23.7%、23.3%。

价格稳中略涨，年际间略有波动。长期来看，随着生态环保压力加大，部分主产省区禁牧面积扩大，以及养殖方式的转变，牛羊养殖成本刚性上涨，牛羊肉价格仍有一定上升空间。但由于牛羊繁育周期较长，且牛羊肉消费受节假日和季节变化的影响较大，价格变化存在一定的周期性。预计2018年牛肉价格仍处高位运行，以稳为主，羊肉价格受行情持续好转和前两年产能调减影响，价格略有上涨。

牛肉进口继续增加，羊肉进口相对稳定。短期来看，由于国内供给紧张，国内外价差继续存在，牛羊肉净进口趋势不会发生改变。预计2018年牛肉进口保持增长，全年进口量约79万吨，较2017年增加13.1%，出口量0.2万吨，较2017年增加72.3%；羊肉进口量约27万吨，较2017年增长9.7%。长期来看，受牛羊肉消费增加和国内供给偏紧的影响，进口量仍将保持增加。预计到2027年，牛羊肉进口量将分别达到122万吨、28万吨，较2017年分别增加76%和12.4%。

3.2.2 生产展望

规模化程度继续提升，牛羊肉产量保持增长。展望期内，在市场需求的拉动和国家政策的扶持下，农业科技快速发展，全国草食畜牧业加快向质量效益集约化发展转变，综合生产能力不断提高，牛羊肉产量继续增长。同时，中国经济正逐步向高质量发展阶段转变，绿色发展成为主导方向，生态环境保护越来越受到重视，养殖成本趋于上升，产业结构面临调整，众多小规模养殖户加快退出，规模养殖企业兼并重组势头强劲，标准化规模养殖程度也将稳步提高。

短期来看，国家将继续实施良种补贴、大县奖励的扶持政策，大力推进"种养结合、农牧循环"的发展模式，进一步优化产业结构和区域布局，努力提升标准化规模化水平，继续提高牛羊生产能力。预计2018年，牛羊肉产量分别达到738万吨、476万吨，均较2017年增长1.7%。长期来看，牛羊产业链从良种繁育、标准化养殖、饲草料生产，到疫病防控和质量安全监管得到全方位发展，牛羊产品产能和质量水平稳定增长，牛羊肉市场供应基本保障。预计到2020年，牛羊肉产量分别为770万吨、501万吨，分别较2017年增长6.1%、7.1%，年均增长率分别为2.0%、2.3%。预计2027年牛肉产量达863万吨左右，比2017年增长18.8%，年均增长1.7%；羊肉产量达581万吨左右，比2017年增长24.1%，年均增长2.2%。

3.2.3 消费展望

牛羊肉消费总量保持增长。短期来看，农村人口加快向城市转移，居民肉类消费结构的变化以及在外就餐比例的提升，牛羊肉消费继续增长。预计 2018 年，中国牛肉消费量达到 817 万吨，较 2017 年增长 2.6%，羊肉消费量 502 万吨，较 2017 年增长 1.8%。长期来看，我国经济将保持稳步发展，人口总量继续增加，居民收入继续提高，牛羊肉消费占肉类消费的比重继续提升，牛羊肉消费需求呈现稳步增长的态势。到 2020 年，牛肉、羊肉消费量将分别达到 859 万吨、526 万吨，较 2017 年分别增长 7.9%、6.7%；到 2027 年，牛肉、羊肉消费量分别为 985 万吨、608 万吨，较 2017 年分别增长 23.8%、23.3%。

人均消费量继续增加。随着科技进步和标准化水平提升，牛羊肉品质不断改善，消费方式越来越多元化，人均牛羊肉消费也将持续增加。预计 2018 年人均牛肉消费量为 5.85 千克，较 2017 年增加 2.2%；人均羊肉消费量为 3.59 千克，较 2017 年增加 1.3%。预计到 2020 年，人均牛肉和羊肉消费量分别为 6.10 千克、3.74 千克，较 2017 年分别增加 6.5%、5.3%；到 2027 年，人均牛肉和羊肉消费量分别为 6.90 千克、4.26 千克，较 2017 年分别增加 20.4%、20.0%。

3.2.4 贸易展望

牛肉进口继续增加。短期来看，由于国内供给紧张和国内外价差继续存在，进口优势依旧明显，牛肉仍保持净进口。预计 2018 年牛肉进口保持增长，全年进口量达到 79 万吨，较 2017 年增加 12.9%，出口量 0.2 万吨，较 2017 年增加 72.3%。长期来看，由于牛肉消费继续增加和国内供给仍然偏紧，牛肉净进口的趋势不会发生根本改变，同时随着国内消费的多元化，对各种类型和品质的牛肉需求加大，牛肉进口来源也不断丰富，进口量仍将保持增加。预计到 2020 年，牛肉进口量达到 89 万吨，较 2017 年增加 27.1%。到 2027 年，牛肉进口量达到 122 万吨，较 2017 年增加 74.3%。另一方面，由于牛羊肉生产、屠宰、加工水平较低，且产品质量参差不齐，牛肉出口量不大。但随着跨境电商的发展和国内牛肉品质的提高，牛肉出口也会有所增长。预计到 2020 年，牛肉出口量为 0.3 万吨，到 2027 年，牛肉出口量为 0.4 万吨。

羊肉进口相对稳定。从全球来看，世界羊肉产量增长较慢，且贸易量保持平稳，羊肉进口空间有限。从国内来看，国产羊肉仍是消费的主要来源，随着肉羊产业的发展，羊肉自给能力不断提高，进口大幅增加的可能性不大。预计 2018 年，羊肉进口量为 27 万吨，较 2017 年增长 8.0%。到 2020 年，羊肉进口量约 25 万吨，较 2017 年增长 4.0%；到 2027 年，羊肉进口量达到 28 万吨，较 2017 年增长 12.0%。另外，未来中国肉羊养殖的规模化、标准化、产业化程度不断提高，羊肉产品的出口竞争力增强，但由于羊肉仍以满足国内供给为主，羊肉出口相对稳定，出口量保持在 1 万吨左右。

近年来，从国外进口活牛、活羊也呈增加趋势，活牛、活羊进境屠宰加工也成为中国牛羊肉消费的重要来源。未来随着中国牛羊肉消费的增长和多元化趋势，活牛、活羊进口也将继续增加。

3.2.5　价格展望

短期来看，牛羊肉消费受节假日和季节变化的影响较大。同时，由于肉牛肉羊的繁殖育肥周期较长，牛羊肉价格变化仍存在一定的周期性。预计 2018 年牛肉价格以稳为主，羊肉价格小幅上涨。牛肉价格在 2017 年末已经突破每千克 64 元，2018 年进入出栏旺季后价格将略有下滑，但全年价格波动不会太大，总体保持平稳。羊肉受行情持续好转带动，养殖户补栏积极性有所增强，但短期内供需矛盾将难以消除，预计 2018 年羊肉价格较 2017 年略涨。

长期来看，牛羊肉价格稳中略涨。一方面，随着生态环保压力加大，部分主产省区禁牧面积扩大，以及养殖方式的转变，牛羊养殖成本刚性上涨。从生产成本看，我国散养肉牛和肉羊的平均生产成本分别从 2010 年的 4 982.10 元 / 头和 639.67 元 / 只提高至 2016 年的 8 427.63 元 / 头和 1 017.03 元 / 只，分别增加了 69.2% 和 59.0%。另一方面，能繁母畜养殖发展赶不上发展需求。由于小散户、小企业养殖逐渐退出市场，家庭能繁母畜养殖积极性下降，而牛羊母畜专业化规模养殖的成本高、收效慢、风险大，社会资本不愿进入，对产能的扩大也产生一定影响，牛羊肉供给仍将处于偏紧状态，牛羊肉价格仍有一定上升空间。

3.3　不确定性分析

3.3.1　极端天气和疫病的影响

近年来，全球气候变化加剧，暴雨、暴雪、干旱等极端天气频发，对牛羊养殖产生较大影响。在气候变化背景下，极端天气导致草地退化、饲料作物生产能力下降，进而对牛羊的养殖规模和产品质量等造成严重影响，同时也增加了饲草料和畜产品集散运输的成本和难度，加剧牛羊肉产品的价格波动。从养殖环境来看，如果区域气温升高，但降水较少，则草原可能出现退化和承载力下降。从动物养殖来看，不同品种的动物都有其最适宜的生长温度，在这种温度条件下，动物生长最快，饲料利用率最高，育肥效果好，饲养成本最低，但气候变化可能破坏其适宜生长的环境，从而导致疫病高发或养殖成本增加。同时，因牛羊生产发展和布局调整，大范围调运频繁，近年布病呈扩散蔓延态势，羊布病群阳性率超过 9%，肉牛超过 2%，如不有效控制，影响牛羊肉的产量和市场价格。

3.3.2 环境保护的压力

随着我国经济进入高质量发展阶段，过去以资源换产量的发展模式难以为继，提高资源利用效率，促进种养结合、生态循环，成为未来畜牧业发展的重要方向。近年来，国家不断加大资源环境保护力度，环保政策密集出台，划定禁养区，转变草原畜牧业发展方式，推行禁牧休牧轮牧和草畜平衡制度，养殖业环保压力持续加大，一些设施条件简陋、标准化生产水平低的养殖场面临关闭风险。2018年，中国开征环保税以取代过去的排污收费制度，对畜牧养殖也将产生一定影响。未来中国将继续推进环保督查，加大对畜禽污染的治理，不断优化牛羊养殖的区域布局，提倡种养平衡模式，不在环境敏感区发展规模化养殖场，推广清洁养殖模式，加强粪污无害化处理，推动牛羊产业转型升级和可持续发展。

3.3.3 贸易环境的变化

近年来，世界牛羊肉产量不断增加，产出水平不断提高，贸易量稳步增长。一方面，随着国内消费需求增长和国内外价格倒挂，牛肉进口增长势头明显，进口来源不断丰富，2017年开始中国恢复进口美国牛肉，并且取消了对意大利牛肉的长期进口禁令，2018年英国牛肉可能也将恢复进口。进口渠道的多元化，可能对当前的贸易结构产生影响。另一方面，随着全球经济逐渐复苏，全球贸易也正走出低谷，世界牛羊肉贸易也将进一步增加。但也要看到，贸易保护主义仍然存在，一些国家提高贸易壁垒、修改贸易政策等手段加大了国际贸易的不确定性。

参考文献

［1］ 褚衍章，聂凤英，朱增勇．2016年中国猪肉市场回顾及2017年展望［J］.农业展望，2017，02（34）：50-52.

［2］ 张剑波，刘翌阳，陶炜煜，等．近10年中国生猪产业回顾与未来展望［J］.农业展望，2018，01（14）：35-42.

［3］ 田聪颖，肖海峰．贸易开放背景下中国肉类进口市场格局研究——基于产品异质性的实证分析［J］.国际贸易问题，2017（09）：130-141.

［4］ 朱增勇．中国养猪市场形势、挑战及未来展望［J］.兽医导刊，2017（4）：20-21.

［5］ 李京福．我国畜禽产品价格波动及消费需求研究［J］.黑龙江畜牧兽医，2017（14）：40-42，290.

［6］ 辛良杰，李鹏辉．基于CHNS的中国城乡居民的食品消费特征——兼与国家统计局数据对比［J］.自然资源学报，2018，01（33）：75-84.

［7］ 曹娜．进口猪肉对我国国产猪肉的替代效应研究［J］.黑龙江畜牧兽医，2017（16）：36-40.

［8］ 国家统计局．2017年国民经济和社会发展统计公报［R］.2018-01-17.

［9］ 李玉娥，董红敏，等．气候变化对畜牧业生产的影响［J］.农业工程学报，1997，13（S1）：20-23.

［10］ 毛衍伟，张一敏，等．中国牛羊肉的供需现状及消费者对牛羊肉的态度和品质需求［J］.食品与发酵工业，2016，42（2）：244-250.

［11］ 农业部．全国草食畜牧业发展规划（2016—2020年）.2016.

［12］ 曲春红，李辉尚．我国牛羊肉产业发展现状及趋势分析［J］.农产品加工，2017（9）：40-43.

［13］ 沈辰，孟阳．近5年中国牛羊产业发展形势及对策［J］.农业展望，2016（10）：40-44.

［14］ 王莉，沈贵银，等．牛羊肉供需形势研判及政策建议［J］.农产品市场周刊，2013（46）：16-23.

［15］ 虞祎，俞韦勤．基于肉鸡品种差异视角的我国鸡肉消费市场预测［J］.《中国家禽》，2017（14）41-45.

［16］ 张莉．中国禽肉展望报告（2017—2026年）［J］.中国农业展望报告，2017，4：120-127.

［17］ 张莉．未来5年中国禽肉市场形势展望［J］.农业展望，2014（7）：23-27.

［18］ 我国禽肉制品发展趋势：品牌化、年轻化、时尚化.［EB/OL］现代畜牧网.2018-01-29.

［19］ 一亩田产业地图：定位中高端的优质土鸡如何触底反弹［EB/OL］.(2018-01-02)［2018-01-15］.http://www.chinanews.com/business/2018/01-02/8414549.shtml

［20］ OECD/Food and Agriculture Organization of the United Nations（2017），OECD-FAO Agricultural Outlook 2017-2026，OECD Publishing.

第九章

禽　蛋

禽蛋是中国居民重要的菜篮子产品。2017年上半年市场行情低迷，小规模养殖户加速退出，蛋禽存栏量高位回落，禽蛋产量稳中下降，禽蛋消费需求疲软，鸡蛋价格大幅下跌，蛋鸡养殖保本微利；贸易明显增长，顺差格局明显。未来10年，随着蛋鸡品种的改良、生产管理水平的提升，禽蛋产量增加，2027年为3 322万吨，比2017年增长8.2%；成本上涨、南方水网限养禁养区划定，小规模养殖户以及粗放型养殖户退出速度加快，中国禽蛋产量增速放缓，10年间年均增速0.8%；人口增加、消费习惯转型升级，禽蛋消费将稳定增长，2027年为3 309万吨，比2017年增长7.9%；在成本推动下，禽蛋价格逐渐上涨，季节性特征明显。

1 2017年市场形势回顾

1.1 蛋鸡存栏高位回落，产量稳中下降

产蛋鸡存栏高位回落。据监测，2017年产蛋鸡月均存栏量12.6亿只，比2016年低2.7%，但仍高于近3年平均水平。从各月情况看，1—8月产蛋鸡存栏量呈连续下降走势，由1月的13.45亿只降至8月的12.19亿只，比1月下跌10.2%；三季度蛋价快速回升，养殖户补栏趋于积极，9月开始产蛋鸡存栏稳步回升，12月为12.33亿只，累计上涨1.1%（图9-1）。

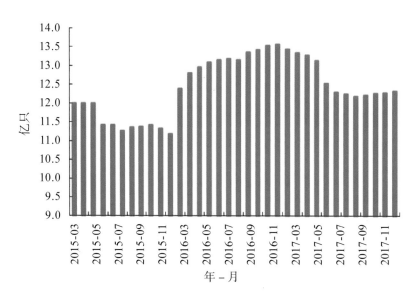

图9-1　2015—2017年中国产蛋鸡存栏量

数据来源：卓创资讯

禽蛋产量下降。2017年，产蛋鸡存栏在H7N9、环保政策等因素综合影响下出现下降，禽蛋产量10年来首次出现下降。据国家统计局数据，2017年全国禽蛋产量3 070万吨，与2016年相比下降0.8%（图9-2）。

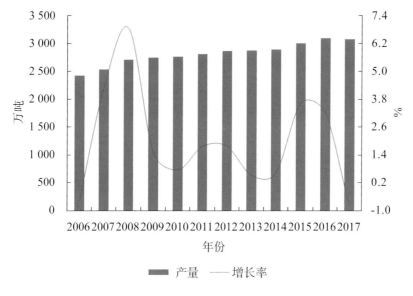

图 9-2　2006—2017 年中国禽蛋产量

数据来源：中国国家统计局

1.2　禽蛋消费整体疲软，季节性特征明显

2017 年中国部分地区暴发 H7N9，中小学校、部队等禽蛋团体消费意愿下降，加之春节后鸡蛋消费处于季节性淡季，缺乏利好刺激和支撑，上半年整体禽蛋消费意愿低迷。下半年开始，随着 H7N9 结束，居民消费信心逐渐恢复，且随着国庆、中秋"双节"临近，禽蛋季节性消费需求持续释放带动经销商采购积极，月饼生产、蛋糕加工等企业纷纷备货，拉动团体消费备货增加，鸡蛋消费需求明显增加。总体来看，2017 年禽蛋消费季节性特征明显，整体需求疲软。全年消费约 3 066 万吨，与 2016 年相比下降 0.4%。其中，鲜食消费 2 353 万吨，与 2016 年相比下降 0.4%；蛋品加工消费 476 万吨，与 2016 年相比增长 1.9%。

1.3　价格呈前低后高的"V"形走势

蛋价波动明显，创近 10 年历史新低。2017 年，在 H7N9、环保禁养限养、季节消费等因素的叠加下，禽蛋市场供需矛盾突出，蛋价大幅波动。据统计，全国鸡蛋零售均价为 8.56 元 / 千克，比 2016 年同期大幅下跌 8.6%；主产省批发价为 7.01 元 / 千克，比 2016 年同期大幅下跌 9.0%。从月度走势看，全年蛋价呈"深 V"形走势，其中，1—5 月蛋价持续下跌，截至 5 月底，鸡蛋零售价跌至 6.95 元 / 千克，比 1 月下跌 22.5%，零售价创近 10 年来历史新低；6 月开始随着产能快速调减，蛋价持续 4 个月上涨，9 月零售价格涨至 10.05 元 / 千克，比 5 月上涨 44.5%，中秋、国庆双节的结束，10 月鸡蛋价格出现下跌后开始上涨，截至 12 月底，鸡蛋零售价格涨至 10.35 元 / 千克，比 10 月上涨 7.4%。整体来看，禽蛋月度价格波动明显，呈现出以 5 月为谷底，前跌后涨的"V"形走势（图 9-3）。

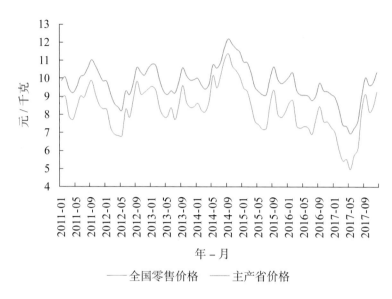

年 – 月

—— 全国零售价格　—— 主产省价格

图 9-3　2011—2017 年中国鸡蛋零售价格走势

数据来源：中国农业部畜牧业司

1.4　蛋鸡养殖保本微利，小规模养殖户退出速度加快

蛋鸡养殖整体处于保本微利状态。2017 年，在饲料价格走低、蛋价大幅下跌的影响下，全年蛋料比价为 3.05∶1，略高于蛋鸡养殖盈亏平衡点（3.0∶1），比 2016 年下跌 7.4%，蛋鸡养殖处于保本微利状态。从各月养殖效益看，全年蛋鸡养殖处于前低后高的"V"形走势，具体来看，1 月蛋鸡养殖略有盈利，2—7 月连续 6 个月处于亏损状态，其中 5 月亏损幅度达到近 10 年来最大，蛋料比价为 2.49∶1，比 2016 年同期低 23.9%；8 月开始扭亏为盈，12 月蛋鸡养殖效益达到年内最好，蛋料比价为 3.65∶1，比 2016 年同期高 14.8%（图 9-4）。

1.5　禽蛋贸易稳中有增

禽蛋贸易稳中有增，贸易顺差明显。2017 年，在国内禽蛋价格整体走低以及禽蛋进口封关解除的综合影响下，中国禽蛋贸易增加。2017 年，中国禽蛋出口量为 112 713.21 吨，同比增 9.2%，出口额为 18 636.27 万美元，同比增 1.0%；中国禽蛋进口主要以种用蛋为主，由于 2017 年上半年祖代、父母代种鸡产能大幅调减，下半年蛋鸡补栏积极性高涨，商品代雏鸡盈利大幅上升，种禽蛋进口增加明显，全年进口量为 11.44 吨，进口额为 64.60 万美元；全年贸易顺差 18 624.82 万美元，与 2016 年相比减少 3.7%，保持净出口格局（表 9-1）。

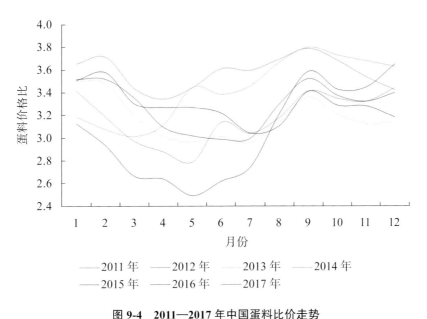

图 9-4 2011—2017 年中国蛋料比价走势

数据来源：根据中国农业部畜牧业司监测数据测算

表 9-1 2011—2017 年中国禽蛋贸易情况

年份	出口量 / 吨	出口额 / 万美元	进口量 / 吨	进口额 / 万美元
2011	104 405.30	17 343.56	68.35	120.41
2012	102 490.96	17 711.99	25.99	66.85
2013	93 284.39	17 667.39	18.62	57.40
2014	94 582.73	19 198.35	16.29	79.31
2015	97 640.89	19 156.76	2.52	4.90
2016	103 226.34	18 448.24	0.03	0.09
2017	112 713.21	18 636.27	11.44	64.60

数据来源：中国海关

2 未来 10 年市场走势判断

2.1 总体判断

禽蛋产量增加，增速逐渐放缓。展望期内，蛋鸡品种的不断改良、生产管理水平的不断提升，中国禽蛋生产继续保持增加。预计 2018 年禽蛋产量将增长至 3 148 万吨，比 2017 年增长 2.5%；2020 年为 3 185 万吨，比 2017 年增长 3.8%；2027 年为 3 322 万吨，比 2017 年增长 8.2%。展望期内，在产业升级优化、政策支持等利好因素带动的同时，蛋鸡养殖的饲料、人工、厂房设备等成本上涨，以及南方水网限养禁养区划定，将会加速小规模养殖户以及粗放型养殖户退出，禽蛋产业增速逐渐放缓。

消费量保持增长，加工消费增长较快。展望期内，二孩政策带动人口增加、消费习惯转型升级等因素影响，禽蛋消费将稳定增长。预计 2018 年、2020 年和 2027 年消费量分别为 3 141 万吨、3 175 万吨和 3 309 万吨，分别比 2017 年增长 2.4%、3.6% 和 7.9%。展望期内年均增速 0.8%，呈放缓的趋势。展望期内，随着禽蛋产业链发展完善、居民禽蛋消费习惯的不断转变，将会有效促进禽蛋加工业的转型升级。

禽蛋贸易规模保持稳定，贸易顺差格局延续。禽蛋自身具有易破碎、不便长途运输的特点，加之中国禽蛋市场基本处于自产自销的供需平衡状态，中国禽蛋贸易主要以对中国香港、中国澳门、日本等地区或国家的出口为主。展望期内，中国禽蛋贸易规模有望基本保持稳定，预计出口将保持在 10 万吨左右；随着国内蛋禽育种技术的发展和品种的改良，中国禽蛋进口仍有可能进一步缩减。预计展望期内禽蛋贸易将继续保持贸易顺差格局。

禽蛋价格波动趋于平缓，季节性特征依旧。2018 年上半年，随着进入季节性禽蛋消费淡季，禽蛋市场供需紧平衡状态趋于缓解，价格或将波动下跌，下半年开始市场供给充足，同时也将迎来季节性消费旺季，禽蛋价格将震荡上涨，但价格波动将会趋于平缓，预计全年平均价格将在 10 元 / 千克左右。未来 10 年，在成本推动下，禽蛋价格仍将波动上涨，也将表现出明显的季节性特征。

2.2 生产展望

禽蛋产量增加。短期来看，受 2017 年上半年蛋鸡养殖持续亏损影响，蛋鸡产能明显调减，下半年以来市场行情逐渐好转，但祖代、父母代蛋鸡产能也有所减少，商品代蛋雏鸡市场供应偏紧，蛋雏鸡补栏有限。因此，2018 年上半年产蛋鸡存栏基本处于小幅上涨趋势，下半年产蛋鸡存栏有望进一步上升，预计全年禽蛋产量将增长至 3 148 万吨，与 2017 年相比增长 2.5%。长期来看，随着蛋鸡品种的不断改良、生产管理水平的不断提升，中国禽蛋生产继续保持逐年增加。预计到 2020 年禽蛋产量将达到 3 185 万吨，比 2017 年增长 3.8%；到 2027 年产量将达到 3 322 万吨，比 2017 年增长 8.2%（图 9-5）。

产量增速逐渐放缓。展望期内，在产业升级优化、政策支持等利好因素带动的同时，蛋鸡养殖的饲料、人工、厂房设备等成本上涨，以及南方水网限养禁养区的划定，将会加速小规模养殖户以及粗放型养殖户退出，中国禽蛋产业增速逐渐放缓，预计展望期内年均增速 0.8%。其中，2018—2020 年间年均增速 1.2%，2020—2027 年间年均增速 0.6%，增速呈放缓的趋势（图 9-5）。

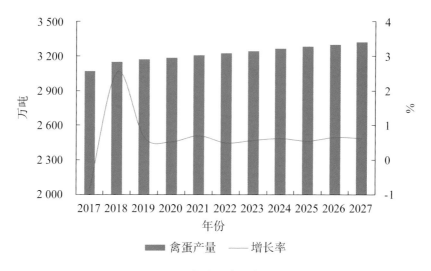

图 9-5　2017—2027 年中国禽蛋产量及增长率预测

数据来源：中国农业科学院农业信息研究所 CAMES 预测

2.3　消费展望

消费量保持增长，增速放缓。短期来看，在禽蛋产量增加，价格波动趋于平缓的预期下，2018 年禽蛋消费量明显增长，预计全年禽蛋消费量 3 141 万吨，比 2017 年增长 2.4%。长期来看，在二孩政策带动人口增加、消费习惯转型升级等因素影响下，禽蛋消费将稳定增长，预计到 2020 年禽蛋消费量将达到 3 175 万吨，比 2017 年增长 3.6%；到 2027 年消费量将达到 3 309 万吨，比 2017 年增长 7.9%；展望期内年均增速为 0.8%。其中，2018—2020 年年均增速 1.2%，2020—2027 年年均增速 0.6%，增速呈放缓的趋势（图 9-6）。

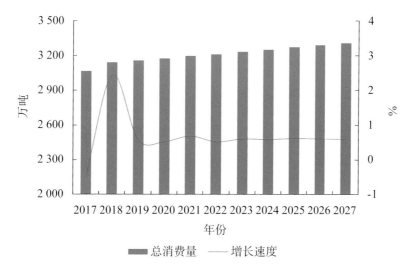

图 9-6　2017—2027 中国禽蛋消费量及增长率预测

数据来源：中国农业科学院农业信息研究所 CAMES 预测

　　加工消费增速整体较快。短期来看，在禽蛋市场供需紧平衡逐渐缓解，价格形势好于 2017 年的综合预期下，2018 年禽蛋加工消费 483 万吨，比 2017 年增长 1.4%，略低于鲜食消费的增长速度。长期来看，随着禽蛋产业链发展完善、居民禽蛋消费习惯的不断转变，将会有效促进禽蛋加工业的转型升级。预计到 2020 年禽蛋加工消费量将达到 489 万吨，比 2017 年增长 2.8%，年均增速 0.9%；到 2027 年将达到 541 万吨，比 2017 年增长 13.7%，年均增速 1.3%，增速明显快于产量和消费量的增速（图 9-7）。

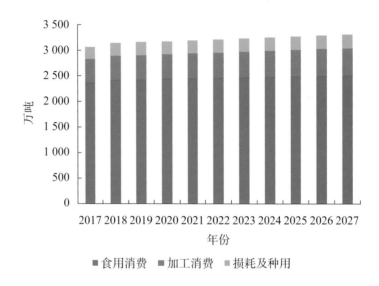

图 9-7　2017—2027 年中国禽蛋消费结构预测

数据来源：中国农业科学院农业信息研究所 CAMES 预测

2.4　贸易展望

　　禽蛋贸易规模保持稳定，贸易顺差格局延续。禽蛋自身具有易破碎、不便长途运输的特点，加之国内禽蛋市场基本处于自产自销的供需平衡状态，中国禽蛋贸易主要以对中国香港、中国澳门、日本等地区或国家为主；进口规模十分有限，主要用于种用蛋。展望期内，中国禽蛋贸易规模有望基本保持稳定，预计出口将保持在 10 万吨左右，主要以带壳鲜食禽蛋等初级产品为主，蛋粉、干蛋黄等经过加工的去壳蛋制品出口占比仍然较少，但整体呈现增加态势；随着国内蛋禽育种技术的发展和品种的改良，中国禽蛋进口仍有可能进一步缩减。预计展望期内禽蛋贸易将继续保持贸易顺差格局。

2.5　价格展望

　　禽蛋价格波动趋于平缓，季节性特征依旧。2017 年下半年以来，禽蛋市场行情不断好转，蛋鸡养殖趋于积极，三季度末开始产蛋鸡存栏逐渐增加。2018 年上半年，随着进入季节性禽蛋消费淡季，禽蛋市场供需紧平衡状态趋于缓解，价格或将波动下跌，下半年开始市场供给充足，同时也将迎来季节性消费旺季，禽蛋价格将震荡上涨，但价格波动将会趋于平缓，预计全年平均价格将在10元/千克左右。展望期内，随着畜禽养殖的饲料成本、人工成本的不断增加，规模化、机械化带来的固定资产类成本上升，禽蛋环保投入增加，禽蛋价格将在成本的推动下呈现波动上涨的态势。因此，长期来看，禽蛋价格在成本推动下波动上涨的同时，也仍将表现出明显的季节性特征。

3　不确定性分析

本展望基于国内外稳定的禽蛋生产环境和社会经济环境等假设进行。未来，若畜禽疾病、环保政策、科技水平等影响因素发生变化，均可能对中国禽蛋生产、消费、贸易、价格等方面的预测带来显著影响。

3.1　畜禽疫病防范措施影响禽蛋生产与消费

畜禽疾病直接影响禽蛋生产与消费。畜禽疫病是养殖行业主要风险，其发生时间、地点以及规模均存在一定的不确定性，尤其是重大畜禽疫病会对禽蛋生产带来巨大影响，严重的可导致养殖大幅亏损，生产规模断崖式下降；同时，在畜禽疾病发生后采取的措施因地而异，部分地方的社会团体甚至会禁食禽蛋产品，这也将会给短期内禽蛋消费带来极大波动。未来10年，如若发生大范围、高强度的畜禽疾病，将会导致禽蛋产量大幅下降，并可能在之后几年内出现价格的大幅波动。

3.2　环保政策影响蛋禽养殖规模与布局

环保政策将会影响中国蛋禽养殖规模与布局。环保是畜禽养殖业的主要制约因素之一，近年来畜禽养殖业的环境问题日益突出，各级政府部门相继出台了系列畜禽养殖的污染防治政策，2017年，山东、河北、江苏等多个鸡蛋主产省畜禽养殖环保政策开始实施，禁养、限养区域的划定，加速了中小养殖户的退出，迫使部分中小养殖企业停产进行改造升级，提升蛋禽养殖规模化水平，同时也加速南方水网限养区蛋禽养殖退出，对蛋禽养殖的空间布局产生了深远的影响。未来10年，畜禽养殖的环保政策必将继续实施且范围将扩大，也将会对蛋禽养殖规模与布局产生不确定性影响。

3.3　科技水平影响蛋禽产能增速

科技水平影响蛋禽产能增速。未来中国禽蛋产业的规模化、机械化程度将不断提高，更多的养殖者将通过不断强化产业化水平、提升管理水平来提高养殖效益；

伴随着国内外蛋禽育种技术的发展，蛋禽品种的饲料转化率、产蛋率、歇伏期产能等生产性能将会提高；同时，自动控温、自动通风等生产设备技术的发展以及推广应用，也将会对蛋禽养殖效率带来巨大影响。未来10年，畜禽管理水平、良种技术、先进生产设备技术等科技水平的发展速度以及应用程度将会影响蛋禽产能增速。

参考文献

［1］ 国家统计局.2017年中国国民经济和社会发展统计公报［R］.2018-2-28.

［2］ 周荣柱，秦富.蛋鸡生产与鸡蛋价格动态变化关系［J］.中国农业大学学报，2016，21（10）：145-154.

［3］ 农业部市场预警专家委员会.中国农业展望报告（2017—2026）［M］.北京：中国农业科学技术出版社，2017.

［4］ 农业部.全国蛋鸡遗传改良计划（2012—2020）［R］.2013，12.

［5］ 李亮科，马骥.蛋鸡养殖户参与市场的现代特征与主要问题——以5省402个农户为例［J］.中国家禽，2015，37（16）：33-38.

［6］ 张超.供需整体宽松，阶段性盈利难平前期亏损［N］.农民日报，2017-07-08（6）.

［7］ 王兰，李华.北京市品牌鸡蛋消费分析［J］.农业展望，2016（12）：93-98.

第十章

奶制品

2017 年是推进奶业供给侧结构性改革的深化之年，"振兴奶业五大行动"持续推进，奶业生产继续调整，消费回暖与结构优化显现，价格逐步平稳回升，进口保持强劲增长。展望 2018 年，生产预计继续调整，奶类产量预计为 3 630 万吨，同比减 0.7%。受三四线城市以及农村消费增长拉动，奶类消费量预计为 5 242 万吨，同比增长 3.1%。进口有望继续增长，预计将达到 1 617 万吨，较 2017 年增长 12.5%。受生产不足、消费回暖和通胀加剧等因素影响，预计国内生鲜乳价格将温和上涨；"十三五"期间，中国奶业供给侧结构性改革将取得实质性成效，2020 年奶类产量预计将达到 3 870 万吨，比 2017 年增长 5.9%。消费升级和结构优化将加速，2020 年消费量预计将达到 5 597 万吨，比 2017 年增长 10.1%。鲜奶、奶酪和奶油等其他乳制品的进口有望增多，乳制品进口总量继续增加，2020 年进口量将达到 1 732 万吨，比 2017 年增长 20.6%；展望后期，中国奶业综合生产能力显著提升，消费稳步增加，进口增速逐步趋缓，到 2027 年奶类产量、消费量、进口量将分别达到 4 380 万吨、6 361 万吨和 1 986 万吨，较 2017 年增长 19.8%、25.1% 和 38.2%。

1 2017 年市场形势回顾

1.1 奶类生产继续调整，上游养殖持续低迷

2017 年中国奶类产量估计为 3 655 万吨，较上年下降 1.5%，其中牛奶产量 3 545 万吨，较 2016 年下降 1.6%，比 2015 年下降 5.6%，牛奶产量水平处于近 10 年产量均值以下。但伴随现代化生产机械和技术日益普及，以及标准化、组织化水平不断提高，奶牛单产和规模化水平继续提升，2017 年奶牛单产达到 7 吨，年产 9 吨以上的高产奶牛估计超过 200 万头，100 头以上的奶牛规模养殖比重达到 56%。上游养殖业持续低迷，上半年拒收、限收现象再现，生鲜乳收购价下降，大型牧业上市公司出现亏损。上游养殖业从中小散户的"倒奶"向大型养殖企业亏损转移，整体形势不容乐观（图 10-1）。

1.2 乳制品加工继续增长，市场消费逐步回暖

乳制品产量小幅增长，行业集中度提升。2017 年乳制品产量为 2 935 万吨，同比增 4.2%，其中液态乳产量 2 691.7 万吨，同比增 4.5%，干乳制品产量 243.38 万吨，同比增 0.4%。乳制品经营主体显著优化，产业化龙头企业不断壮大，乳企前 20 强（D20）的市场占有率超过 55%，排名前 10 位的婴幼儿配方奶粉生产企业市场占有率达到 74%。伊利、蒙牛等乳企的龙头效应日益明显，逐步呈现"强者恒强"格局。消费复苏和结构优化打开市场空间。据中国国家统计局统计，2017 年乳品加工业销售收入 3 590.41 亿元，同比增 6.8%。据估计，2017 年中国液态奶

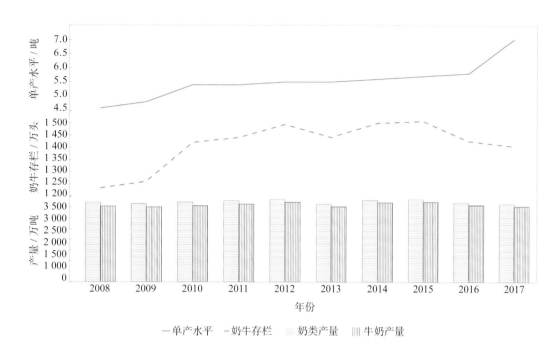

图 10-1　2008—2017 年奶类生产情况

数据来源：中国农业部畜牧业司

行业销售额同比增 7.0%，快于 2016 年全年 2.7% 的增速，需求端复苏明显，乳制品消费品类进一步丰富，巴氏奶、常温酸奶、低温酸奶成为新的消费趋势。三四线城市和农村地区消费崛起，成为拉动乳制品消费规模增长的新引擎。

1.3　生鲜乳收购价格同比持平，鲜奶零售价略跌奶粉上涨

国内生鲜乳收购价同比持平，国际则出现大幅上涨。2017 年，国内和国际生鲜乳收购价分别为 3.48 元 / 千克和 2.47 元 / 千克，比 2016 年分别涨 0.2% 和 34.2%，比 2015 年分别上涨 0.9% 和 34.9%，国际生鲜乳价格上涨幅度明显大于国内价格上涨幅度。从年内价格走势看，国内生鲜乳收购价呈现季节性的"V"形走势，而国际生鲜乳收购价则呈现周期调整上涨过程中的冲高回落走势。每轮生鲜乳价格的周期性涨跌原因略有不同，但本质由供需主导，气候、政策、疫情等因素驱动。值得注意的是，本轮周期，国际市场先于国内市场启动，而国内生鲜乳价格迟迟没有上涨，更多的是季节性的小幅波动。

鲜奶零售价同比略跌，奶粉零售价同比小幅上涨。据中国价格信息网监测，2017 年，全国监测城市鲜奶平均零售价格为 10.50 元 / 千克，与上年相比跌 0.4%，其中，袋装鲜奶 9.61 元 / 千克，与上年相比涨 0.1%，盒装鲜奶 11.39 元 / 千克，与上年相比跌 0.8%；监测城市三段幼儿配方牛奶粉平均零售价格为 194.67 元/千克，与上年相比涨 3.4%，其中，进口三段幼儿配方牛奶粉为 223.37 元 / 千克，

与上年相比涨 3.0%，国产三段幼儿配方牛奶粉为 165.97 元／千克，与上年相比涨 4.0%。

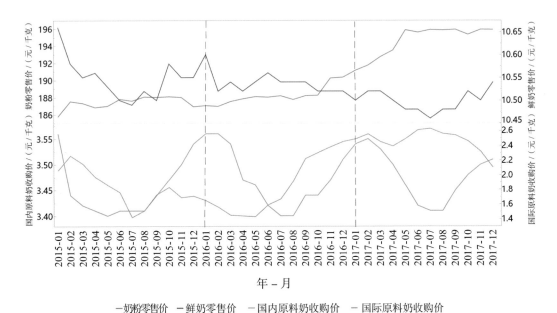

图 10-2　2015—2017 年国内外原料奶和奶制品月度价格走势

数据来源：中国农业部畜牧业司

1.4　乳制品进口继续增加，奶粉进口呈持续增长

2017 年，中国乳制品进口 247 万吨（折合生鲜乳 1 437 万吨），同比增 13.5%，约占国内产量的 39.3%；进口额 88 亿美元，同比增 37.9%。乳制品出口 3.66 万吨（折合生鲜乳 8 万吨），同比增 11.4%；出口额 1.21 亿美元，同比增 58.6%。全年贸易逆差 86.78 亿美元，比 2016 年增 37.7%。

液态奶进口增速放缓，奶粉进口较大幅度增长。2017 年，鲜奶进口 66.76 万吨，同比增 5.3%，增速较去年放缓；乳清粉进口 52.96 万吨，同比增 6.5%，乳酪进口 10.80 万吨，同比增 11.2%，奶油进口 9.16 万吨，同比增 11.8%。酸奶和奶粉进口增幅较大，酸奶进口 3.42 万吨，同比增 62.7%，原料奶粉进口 71.74 万吨，同比增 18.7%，婴幼儿配方奶粉进口 29.60 万吨，同比增 33.7%。

此外，奶牛遗传物质进口减少，牧草及饲料原料进口继续增加。种牛进口 79 410 头，同比减 40.4%，进口额 16 099.5 万美元，同比减 33.4%；干草进口 181.83 万吨，同比增 7.9%，进口金额 51 516.17 万美元，同比降 1.5%，苜蓿干草依然是主流，占干草总进口量的 76.9%，其次是燕麦草，占总进口量的 16.9%。

主要乳制品进口来源地仍然集中在新西兰、澳大利亚、欧盟国家和美国。新西

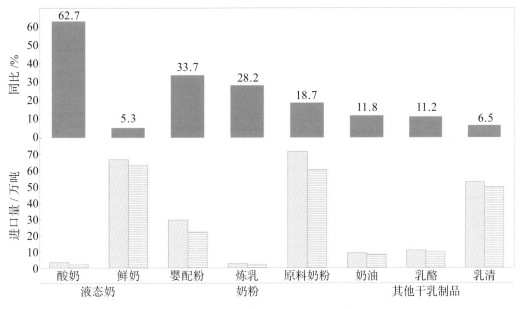

图 10-3 2017 年乳制品进口情况

数据来源：中国海关总署

兰（92% 的全脂奶粉 +47% 的脱脂奶粉 +16% 的婴幼儿配方奶粉 +86% 的黄油 +51% 的奶酪）仍然是中国乳制品进口的第一大来源国，德国（36% 的鲜奶 +68% 的酸奶）逐渐成为中国液态奶进口的第一大来源国，美国为中国进口乳清粉的第一大来源国，澳大利亚在奶粉、黄油、奶酪和鲜奶等产品上也依然保持着重要的地位。

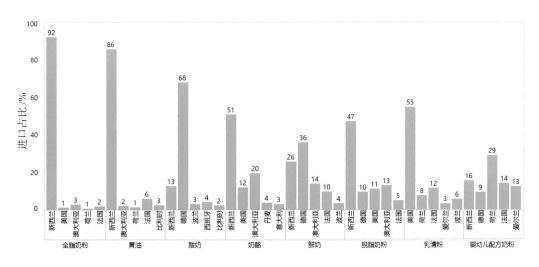

图 10-4 2017 年乳制品进口主要来源国占比情况

数据来源：中国海关总署

2 未来10年市场走势判断

2.1 总体判断

未来10年是中国奶业转型升级的关键时期，推进奶业振兴，提高奶业发展质量和竞争力将成为主要任务。

生产提质增效将呈现恢复性增长。展望2018年，受养殖效益下降影响，生产预计继续调整，奶类产量预计为3 630万吨，同比减0.7%。"十三五"期间，优质饲草料生产、标准化规模养殖有望加速发展，中国奶业供给侧结构性改革将取得实质性成效，生产有望逐步恢复，2020年奶类产量预计将达到3 870万吨，比2017年增长5.9%。展望后期，奶业综合生产能力和质量安全水平显著提升，2027年奶类产量将达到4 380万吨，较2017年增长19.8%。

消费升级和结构优化将同步进行。2018年，受三四线城市以及农村消费需求增长拉动，奶类消费量预计为5 242万吨，同比增长3.1%。"十三五"期间，中国奶类消费升级和结构优化将加速，预计2020年将达到5 597万吨，比2017年增长10.1%。展望后期，受消费品质提升和健康生活方式影响，新一代年轻人消费习惯养成促进奶制品消费提升，2027年消费量将达到6 361万吨，较2017年增长25.1%。

价格将呈现波动上行和结构分化特征。2018年，受生产调整、消费复苏、通胀加剧等因素影响，预计国内生鲜乳价格温和上涨。展望后期，在外部环保约束趋严、内部养殖成本刚性上升以及国际市场互动性增强的背景下，国内生鲜乳收购价格仍有上涨空间，但伴随生鲜乳标准体系的完善，价格将出现结构分化，更多体现优质优价。

进口将呈现量增速缓趋势。开放经济条件下，价差驱动进口将继续增加，2018年，奶制品进口量（折鲜量，下同）预计为1 617万吨，较2017年增长12.5%。展望"十三五"，鲜奶、奶酪和奶油等其他乳制品的进口有望增多，乳制品进口总量将增加，进口来源地将更加多元，2020年进口量将达到1 732万吨，比2017年增长20.6%；展望后期，进口将保持平稳增长态势，2027年预计将达到1 986万吨，比2017年增长38.2%。

2.2 生产展望

规模化养殖和单产水平提升是增长主动力。2018年农业农村部将在优质奶牛种公牛培育、苜蓿发展行动、奶牛生产性能测定和现代化示范牧场创建等方面推动奶业向高质量发展转变，奶牛养殖规模化率预计将达到61%，奶业的机械化比例将超过90%，奶牛年均单产有望达到7.3吨。"十三五"期间，伴随奶牛场物联网技术和智能化技术的应用，奶牛养殖机械化、信息化、智能化水平和效率将较快提升，到 2020 年奶牛规模化养殖比重预计将超过 70%，泌乳奶牛年均单产预计达到 7.7 吨；展望后期，受资源环境限制，奶牛存栏数量的增长将受到制约，但中国奶业将在奶畜良种化、饲料优质化、防疫制度化、监管常态化等方面进一步提升。预计到 2027 年，奶牛规模化养殖比重将超过 80%，奶牛单产将达到 9.0 吨。

奶类增产提质高质量发展将成为主攻方向。未来 10 年，推进奶业振兴，在生产上将更加注重绿色发展和优质安全。展望 2018 年，中国奶业受养殖利润下降、环保政策趋严等因素影响，养殖扩产可能性较低，奶类产量预计将达到 3 630 万吨，比去年减少 0.7%；"十三五"期间，中国奶业将重构新型种养关系、支持奶业差异化特色化发展等，奶业转型升级步伐将进一步加快，我国奶业将从徘徊调整期进入平稳增长期，预计 2020 年奶类产量将达到 3 870 万吨，比 2017 年增长 5.9%；展望后期，伴随奶业质量不断提高和产业素质的持续增强，中国奶业发展的质量和竞争力将明显增强，预计 2027 年奶类产量将达到 4 380 万吨，较 2017 年增长 19.8%（图 10-5）。

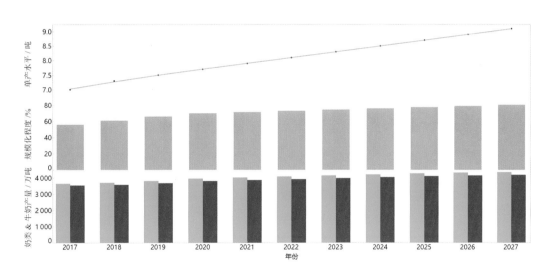

图 10-5　2017—2027 年奶类生产趋势

数据来源：中国农业科学院农业信息研究所 CAMES 预测

注：规模化程度是指年存栏 100 头以上的规模化养殖场存栏数量占全国总存栏数的比重

2.3　消费展望

消费升级和结构优化将同步进行。未来 10 年，城乡居民对奶业日益增长的美好需求将更加强烈，新标准、严监管和高品质帮助更多中国人喝上优质奶。2018 年国家学生饮用奶计划、中国小康牛奶行动、奶酪校园推广行动、休闲观光牧场推介等将持续进行，《婴幼儿配方乳粉配方注册管理办法（试行）》进入正式实施阶段，将进一步拉动奶制品的消费，预计奶制品消费量将达到 5 242 万吨，比去年增长 3.1%。其中，食用消费 4 746 万吨，比 2017 年增长 3.6%，人均乳制品消费量（含乳饮料、冰淇淋、蛋糕等食品中奶制品消费量，下同）将达到 33.98 千克，比 2017 年增长 2.5%；"十三五"期间，乡村振兴战略下农村消费有望崛起，叠加"二孩"人口增长影响，奶粉市场总量将会有一定的增加。"优质乳工程[①]"的实施，有助于形成"标准提升品质、品质铸就品牌、品牌赢得信心"的奶业发展模式，助推国人消费信心的回升，预计 2020 年将达到 5 597 万吨，比 2017 年增长 10.1%，其中食用消费量为 5 070 万吨，比 2017 年增长 10.7%，人均乳制品消费量将达到 36.01 千克，比 2017 年增长 8.6%；展望后期，年轻一代消费习惯养成，消费优化和消费多样性将增加，预计 2027 年奶制品的消费量将达到 6 361 万吨，较 2017 年增长 25.1%，其中食用消费量为 5 786 万吨，较 2017 年增长 26.3%，人均乳制品消费量将达到 40.49 千克，比 2017 年增长 22.2%（图 10-6）。

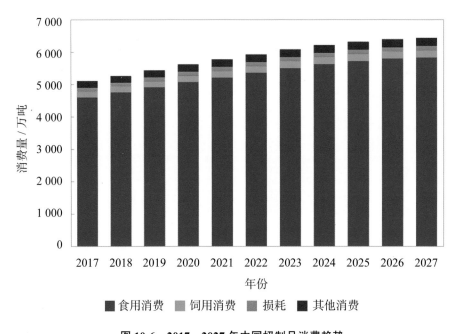

图 10-6　2017—2027 年中国奶制品消费趋势

数据来源：中国农业科学院农业信息研究所 CAMES 预测

　　低温化将成为未来奶制品消费的重要方向。国内外大型乳企纷纷与互联网巨头签订战略合作协议，抢滩新零售，布局线上线下消费。在新零售下，运输冷链系统得到改进，购物便利性大大增强，就发展趋势而言，低温奶是方向，高营养价值乳

---

　　① 优质乳工程的核心理念是为消费者提供真正的健康安全、营养丰富、品质优异的奶产品，涵盖优质乳标识、优质生鲜奶用途分级标准、优质乳加工工艺规范和优质乳产品评价 4 项内容

制品是重要补充。但从短中期来看，常温奶仍是中国液态奶市场的主要品类和居民消费的主要选择，并将继续保持巴氏奶 3 倍以上的市场规模。未来具有新鲜度、营养价值和独特风味的产品将得到消费者的青睐，当前市场上销售火爆的常温酸奶，既保留了低温酸奶的营养价值，又提高了保存的时间，是一种创新的选择。随着新零售的发展，国内外销售通道的打通，低温奶、低温酸奶、配方液态奶、有机奶粉以及奶酪、黄油等产品将成为居民消费升级的重要选择。

2.4　贸易展望

需求和价差将继续驱动进口增加。一是需求有望持续增长。二孩政策全面放开后，2016—2017 年二胎新出生人数分别为 721 万和 883 万，由于 1986—1989 年为中国上一波新生人口高峰，所以二胎出生人数有望延续增长；二是国内外价差将长期存在。国内外生产效率的差异决定了竞争力水平的高低。短期来看，国内外价差每千克仍为 1 元左右，且 2018 年国际乳制品价格仍有下行的压力，所以价差驱动型进口将继续增长，预计 2018 年奶制品进口总量（折合原料奶）达到 1 617 万吨，比 2017 年增长 12.5%。展望"十三五"，中新自贸区关税将逐步降低至零，价差优势将更加明显，进口将保持平稳增长，2020 年将达 1 732 万吨，比 2017 年增长 20.6%，2027 年将达 1 986 万吨，比 2017 年增长 38.2%（图 10-7）。

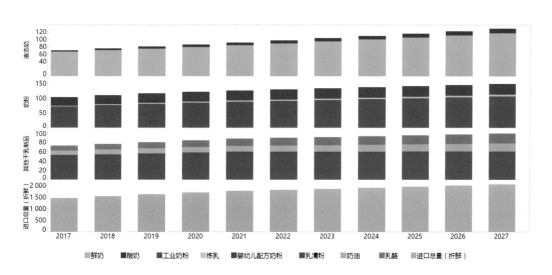

图 10-7　2017—2027 年奶制品进口趋势

数据来源：中国农业科学院农业信息研究所 CAMES 预测

展望后期，随着消费水平提升放缓，对进口的需求增速也将放缓，基于此，2018—2027 年奶制品进口量年均增长率预计为 3.3%，将明显小于过去 10 年 18.3% 的水平。

从进口产品来看，奶粉仍将是最主要的进口奶制品，液态奶尤其酸奶的进口将快速增加，奶酪、黄油的进口也将保持高速增长。2018年奶粉（包含婴幼儿配方奶粉）进口预计略有增加，达到115万吨，2020年和2027年预计将达到125万吨和145万吨。目前，由于运输条件和通关条件的改善，新西兰的鲜奶3天内就可以摆上中国超市的货架，未来国际的液态奶（鲜奶和酸奶）将快速进入中国，2018年预计液态奶将继续保持稳定增长，进口量预计将超过75万吨，其中酸奶的进口预计将超过5万吨，展望后期，液态奶有望保持快速增长势头，到2027年或将超过120万吨。

从进口来源地来看，欧盟将成为新西兰和美国的重要竞争对手。目前新西兰为中国乳制品的第一大来源国，但欧盟自从取消生产配额后，出口重点转向中国市场，从目前的进口来看，欧盟已经在液态奶和婴幼儿配方奶粉上取得了优势，其中德国已经成为中国液态奶的第一大进口来源国，荷兰已经成为中国婴幼儿配方奶粉第一大进口来源国，法国、爱尔兰在乳清粉上对美国的挑战不断增大。今后10年，欧盟对中国的进口预计将进一步增加，中国乳制品的进口来源地将更加丰富。

2.5 价格展望

短期内价格预计温和上涨。展望2018年，玉米、饲料价格走高将抬升养殖成本，原奶生产略有不足，三四线城市和农村消费需求有望继续复苏，加之CPI上行，预计国内生鲜乳价格温和上涨，且会存在季节性波动。国际市场预计震荡运行，2018年全球奶牛数量估计同比小幅增加，带动供给温和增长。随着中国、俄罗斯、墨西哥等国进口的增长，国际需求回暖，供给增速略低于需求增速，国际乳制品价格有望震荡上行。

长期看价格上涨和分化将并存。展望后期，绿色发展和高质量发展将成为畜牧业发展的重要理念，奶业生产扩张将受到资源环境的硬性制约，同时饲料成本、人工成本以及社会物价水平的上涨也将对奶业成本形成基础支撑，国内生鲜乳收购价预计继续上涨。而随着生乳标准体系的完善，生鲜乳价格将出现明显分化，朝着优质优价方向转变。与此同时，随着国内外市场联动性的增强，国内外价格有望逐渐并轨，但进口的不同奶制品，如酸奶、奶酪、黄油等的价格将出现分化。

3 不确定性分析

3.1 奶业生产区域布局调整情况

2017年上半年环保政策严格管制，导致北京、天津、上海一线城市周边大量小牧场关闭，根据国家奶牛产业技术体系数据，2014—2016年上述3个城市的奶牛头数分别累计降42%、30%和32%。2018年随着《环保税法》和《环保税法实施条例》的实施，绿色税制对奶牛养殖的约束会进一步加强。一是生产布局有可能会发生调整，大城市周边和南方地区可能进一步萎缩或者退出，东北、内蒙古优势产区的布局会强化，华北产区和西部产区会集约化发展，"北奶南运"短期内难以改变；二是成本提升可能推动生产主体分化，进一步倒逼散户退出，向规模化养殖集中。三是因奶牛布病、结核病等疫病，对繁殖生产造成较大影响，疫病采取的防治措施对消费带来较大波动，风险不容忽视。奶业实现绿色发展是一项长期任务，对奶牛养殖必然会带来诸多改变，但其影响的程度、深度和广度仍待进一步观察。

3.2　奶粉注册制对国内奶粉消费格局重塑

2017 年在配方注册制等监管新政出台、消费升级及全面二孩政策的利好氛围下，国内婴幼儿奶粉市场整体回暖，国内奶粉企业销售额均出现较大幅度上升，且在高端奶粉市场有强势表现。2018 年随着奶粉注册制名单逐批落地，奶粉企业分化将进一步加剧，行业集中度有望加速提升。从已经发布的注册制名单来看，国内企业占 3/4，国外企业占 1/4，未来 10 年，国内与国外乳企在奶粉方面的竞争将进一步加剧，其长期市场份额变化和市场格局塑造仍存在很大的不确定性，这也将直接影响婴幼儿配方奶粉进口的变化。

3.3　新国标对乳制品进口的影响

2018 年 2 月 20 日，生乳、巴氏杀菌乳、灭菌乳和复原乳鉴定 4 个新国标第一次讨论稿发布向行业征求意见，新的《灭菌乳》标准中对灭菌乳的定义由 2010 年版的"以生牛（羊）乳为原料，添加或不添加复原乳"改为"仅以生牛（羊）乳为原料"，即如果新标准征求意见通过，灭菌乳中将不再允许添加原料奶粉；此外还对复原乳的检测指标——糠氨酸和乳果糖限值进行了规定，比如巴氏奶的糠氨酸不得超过 12 毫克 /100 克蛋白质、乳果糖应低于 50 毫克 / 升，这意味着标准更加严格。新国标的修订如果通过意味着国内乳企对进口奶粉的需求将明显受到抑制，对我国未来一段时期的乳制品进口尤其奶粉进口必然产生重要影响。但是目前新国标仍处于开放讨论阶段，一方面这一修订能否通过存在变数，另一方面即使修订通过其对未来 10 年国内乳制品尤其奶粉进口的实际影响也存在诸多不确定性，有待进一步观察。

3.4　国际奶业主产国的产能调整情况

国际市场经历了 2015—2017 年 3 年的奶牛存栏去产能后，目前有望进入到了一个新的周期。新西兰和澳大利亚分别在 2017 年达到阶段低点的 490 万头、166 万头，预计 2018 年会有小幅增加，而欧盟、美国 2017 年奶牛数量约 2 351 万头和 939 万头，预计 2018 年基本持平。奶牛从哺育到泌乳需要两年多时间，目前奶牛的存栏和产能正处于恢复阶段，2020 年左右国际市场的供给有可能进入一个新的产能扩张阶段，产能的扩张会对国际乳制品的价格走势带来压力，进而对我国的乳制品进口产生间接影响，具体国际上新欧美澳四大主产区的产能如何变化，仍存在较多不确定性。

参考文献

［1］ 中华人民共和国 2017 年国民经济和社会发展统计公报 [R].http：//www.stats.gov.cn/tjsj/zxfb/
201802/t20180228_1585631.html.

［2］ 全国奶业发展规划（2016 — 2020 年）[J].北方牧业，2017（2）：32-32.

［3］ 韩长赋.加快振兴中国奶业［J］.甘肃畜牧兽医，2017，47（2）：18-19.

［4］ 高鸿宾.我国奶业发展已步入质量安全稳定的新阶段［J］.现代畜牧兽医，2017（7）：61-61.

［5］ 李胜利.当前国内外奶业形势分析及中国奶业竞争力提升［J］.新疆畜牧业，2017（1）：
42-44.

［6］ 王东杰，等.2017 年上半年奶业市场形势分析与展望［J］.中国乳业，2017（9）：5-9.

［7］ 刘长全.外资进入我国奶业的趋势、挑战与对策［J］.中国畜牧杂志，2017，53（5）：1-3.

［8］ 农业部市场预警专家委员会.中国农业展望报告（2016—2025）［M］.中国农业科学技术出版
社，2016.

［9］ 农业部市场预警专家委员会.中国农业展望报告（2017—2026）［M］.中国农业科学技术出版
社，2017.

第十一章

水产品

2017 年，中国渔业以"提质增效、减量增收、绿色发展、富裕渔民"为目标，深入推进渔业供给侧结构性改革，加强资源养护和生态保护，健全制度，强化管理，渔业转方式调结构取得显著成效。2017 年水产品产量与上年基本持平，略有增长，为 6 938 万吨，与上年相比增长 0.5%；批发价格稳中有升，与上年相比上涨 1.2%；进出口总额 324.96 亿美元，与上年相比增长 7.9%。中国还将进一步推动渔业由注重产量增长向更加注重质量效益转变，由注重资源利用向更加注重生态环境保护转变，由注重物质投入向更加注重科技进步转变。展望未来，2018—2020年水产品总产量将不断下降，而随着各项制度政策逐步建立落实、渔业资源与生态环境的恢复以及养殖、捕捞技术的进步，水产品总产量将逐渐转为微幅增长。预计 2018 年水产品总产量为 6 860 万吨，2020 年为 6 639 万吨，2027 年将达 7 044万吨。水产品进口量将继续较快增长，出口总体将保持稳定。预计 2018 年进口量为 515 万吨，2020 年为 545 万吨，2027 年为 578 万吨；2018 年出口量为 406 万吨，2020 年为 401 万吨，2027 年为 416 万吨。

1 2017 年市场形势回顾

1.1 总产量与上年基本持平，捕捞产量有所下降

2017 年，农业部调整了海洋伏季休渔制度，扩大了休渔类型，延长了休渔时间；长江流域及以南重要流域水域首次实行统一的禁渔期制度，长江流域禁渔期由 3 个月延长至 4 个月。休（禁）渔期间，各级渔业主管部门及渔政管理机构进一步加强了执法力度，严格了监督管理。各地还进一步明确了限养区、禁养区，加强相关水域生态保护，采取退渔还湖、退渔还湿等措施，一些地区养殖面积有所压减。据统计，2017 年水产品总产量 6 938 万吨，与上年相比增长 0.5 %，增速明显放缓。其中，养殖产量 5 281 万吨，与上年相比增长 2.7%；捕捞产量 1 656 万吨，与上年相比减少 5.8%。

1.2 消费需求保持稳定，优质、特色、品牌产品日益受到青睐

据估计，2017 年水产品食用消费约为 2 796 万吨，与上年相比小幅增长。水产品冷链物流不断发展、电子商务不断壮大，进一步拓展了水产品流通渠道，扩大了流通半径，也拉动了水产品消费需求增长。随着国内城乡居民食品消费不断升级，消费者对水产品的安全、营养、便捷和多样化提出了更高要求，对优质、特色、品牌水产品的需求日益增长，热度持续不减。大黄鱼、大闸蟹、小龙虾、对虾、贻贝以及一些淡水捕捞产品受到消费者越来越多的青睐。

1.3 价格稳中有升，但淡水、海水产品价格呈分化趋势

由于捕捞产量有所下降，2017 年水产品市场价格总体有所上涨。据对农业部 80 家定点市场水产品交易情况统计，2017 年水产品全年综合平均价格为每千克 22.94 元，与上年相比上涨 1.2%。分类别看，海水产品价格为每千克 40.01 元，与上年基本持平；淡水产品价格为每千克 16.42 元，与上年相比上涨 2.7%，总体呈现淡水产品价格走强、海水产品价格偏弱的格局。海水甲壳类、海水头足类、淡水鱼类和淡水甲壳类产品价格与上年相比分别上涨 2.5%、1.0%、2.5% 和 4.3%；海水鱼类、海水贝类和海水藻类产品价格与上年相比分别下跌 0.2%、1.1% 和 3.4%。

1.4 贸易量增长，进口量额增幅明显

受国际市场需求逐渐回暖、2017 年上半年人民币对美元贬值明显等因素影响，2017 年水产品出口量额双增，进口量额大幅增长，创历史新高。据中国海关统计，2017 年水产品进出口总额 324.96 亿美元，与上年相比增长 7.9%。其中，进口量 489.71 万吨，与上年相比增长 21.2%，进口额 113.46 亿美元，与上年相比增长 21.0%；出口量 433.94 万吨，与上年相比增长 2.4%，出口额 211.50 亿美元，与上年相比增长 2.0%；受进口量额大幅增长影响，贸易顺差收窄，为 98.04 亿美元，与上年相比减少 13.3%（图 11-1）。

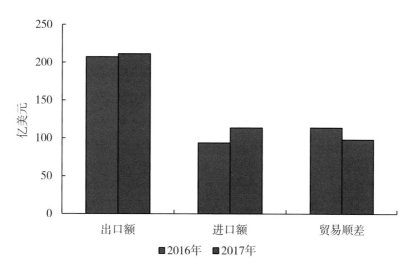

图 11-1 2016—2017 年水产品进出口金额

数据来源：中国海关

水产品主要出口品种为鱿鱼类、对虾、贝类、罗非鱼、蟹类、鳗鱼、鲭鱼。2017 年，上述品种出口量合计 178.73 万吨，出口额 102.53 亿美元，分别占水产

品出口总量和总额的 41.2% 和 48.5%。其中，鱿鱼类主要出口国家和地区为日本、美国、中国台湾和西班牙，占中国鱿鱼总出口量的一半以上；对虾主要出口国家和地区为中国香港、美国、中国台湾、马来西亚和日本；贝类主要出口国家和地区为美国、韩国和中国香港；罗非鱼主要出口国家和地区为美国、墨西哥和科特迪瓦，其出口量约占中国罗非鱼总出口量的 60%；蟹类主要出口国家和地区为中国香港、日本、美国和韩国；鳗鱼主要出口国家和地区为日本、美国、俄罗斯、中国香港和中国台湾，其出口量占中国鳗鱼总出口量的 90% 左右；鲭鱼主要出口到东盟地区。

2 未来 10 年市场走势判断

2.1 总体判断

总产量下降后逐渐转为微幅增长。未来，中国将进一步健全严格休渔制度，优化养殖区域布局，推广健康养殖方式。2018—2020 年水产品总产量将不断下降。之后，水产品总产量将转为微幅增长。

养殖产量缓慢增长，捕捞产量不断下降。展望期间，中国水产品养殖面积总体将保持稳定，产量将缓慢增长，年均增长 0.9%。受休渔、禁渔制度调整、海洋渔船"双控"等一系列政策措施影响，水产品捕捞产量总体将呈下降态势，年均下降2.7%。

食用消费与加工消费继续增长，加工消费占比不断提高。水产品食用消费将继续增加，预计 2018 年水产品食用消费量 2 815 万吨，2020 年增至 2 854 万吨，2027 年达 3 136 万吨。水产品加工产业将进一步发展壮大，加工消费占总消费比例将由 2017 年的 38.5% 增至 40.7%。随着水产品冷藏保鲜设施建设、冷链技术的应用与发展，水产品损耗将不断下降。

出口总体保持稳定，进口继续较快增长。中国水产品出口增长仍面临较大压力，预计水产品出口将总体稳定，大体保持在 400 万吨。水产品进口将继续较快增长。预计 2018 年进口量将达 515 万吨，2020 年将达 545 万吨，2027 年将达 578万吨。

2.2 生产展望

2.2.1 总产量增速大幅放缓

未来，中国将继续坚持环境生态优先的发展理念，把生态和资源保护放在渔业发展的突出位置，由主要关注数量增长向关注发展质量转变，增强发展的可持续性。中国还将进一步健全完善海洋伏季休渔制度，实施海洋渔业资源总量管理制度。各地将继续优化海水、淡水养殖区域布局，降低湖泊、水库以及近海的养殖密度，大力推广健康的养殖方式。未来 10 年，水产品总产量将呈先降后升态势，2018 年总产量将小幅下降，降至 6 860 万吨，2020 年将进一步降至 6 639 万吨。随着相关政策措施的逐步落实，渔业资源养护、环境保护的经济效益将逐步显现，先进养殖技术将带动单产进一步提高，产量将逐渐转为微幅增长，2027 年水产品总产量将达 7 044 万吨，2018—2027 年水产品产量将年均增长 0.2%，明显低于"十二五"期间 3.8% 的产量年均增速。其中，2018—2020 年水产品总产量负增长，年均下降 1.5%；2021—2027 年总产量逐渐恢复增长，年均增长 0.8%（图 11-2）。

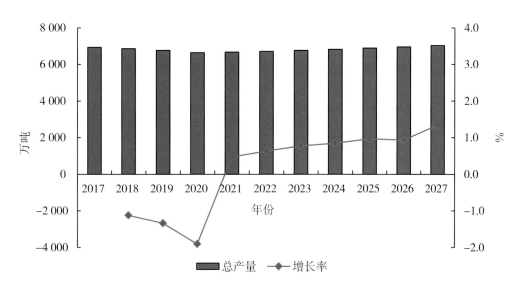

图 11-2　2017—2027 年水产品产量及增长率

数据来源：中国农业科学院农业信息研究所 CAMES 预测

2.2.2　养殖产量缓慢增长，产业逐步实现转型升级

未来，水产养殖业将以转方式、调结构作为主要任务，在"提质增效"上下功夫。在空间布局上，将严格控制限养区养殖规模，转移禁养区内养殖。将修复近海养殖水域生态环境，支持养殖生产向外海发展。在养殖方式上，将积极发展大水面生态增养殖、工厂化循环水养殖、池塘工程化循环水养殖、种养结合稻田养殖、海洋牧场立体养殖、外海深水网箱养殖等健康养殖模式。在养殖品种上，将调减结构性过剩品种，大力发展名特优品种、高附加值品种、低消耗低排放品种。展望期间，水产养殖面积总体将保持稳定，单产进一步提高，产量缓慢增长。预计 2018 年养殖产量将达 5 299 万吨，2020 年将达 5 326 万吨，2027 年将达 5 785 万吨。展望期间，养殖产量年均增长 0.9%，占水产品总产量的比例将达 82.1%，较 2017 年提高约 6.0 个百分点（图 11-3）。

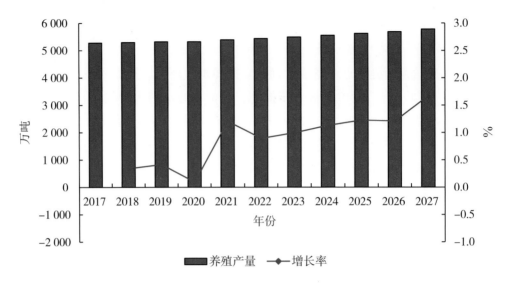

图 11-3　2017—2027 年水产品养殖产量及增长率

数据来源：中国农业科学院农业信息研究所 CAMES 预测

2.2.3　捕捞产量逐渐下降，并趋于稳定

展望期间，中国近海与内陆捕捞产量将呈现下降态势。2017 年，中国调整了海洋伏季休渔制度，在长江流域水生生物保护区实施全面禁渔，并将进一步推动在长江干流和重要支流进行全面禁渔，在通江湖泊和其他重要水域实行限额捕捞制度，建立完善黄河流域禁渔制度。将加强海洋渔船船数和功率数控制（"双控"），实施海洋渔业资源总量管理制度，降低近海捕捞强度，逐步实现捕捞强度与渔业资源可捕量相适应、相匹配，形成适度捕捞、有序开发的局面。展望期间，水产捕捞产量将逐渐下降，并趋于稳定。预计 2018 年捕捞产量将降至 1 561 万吨，2020 年将降至 1 313 万吨。2020 年之后，捕捞产量将逐渐趋于平稳，预计 2027 年为 1 259 万吨。展望期间，捕捞产量将年均下降 2.7%（图 11-4）。

2.3　消费展望

随着城乡居民收入不断增长、人口数量不断增加、城镇化水平不断提高以及食品消费不断升级，水产品食用消费将保持增长。预计 2018 年水产品食用消费量将增至 2 815 万吨，2020 年将进一步增至 2 854 万吨，2027 年将达 3 136 万吨。展望期间，水产品食用消费量将年均增长 1.2%，快于水产品总产量 0.2% 的年均增速。近年来，水产品电子商务迅猛发展，交易规模不断扩大，大闸蟹、对虾等高价值产品日益畅销。电子商务打破了传统线下交易的地域、时间限制，可以实现产销有效对接，减少流通环节，将逐渐成为城乡居民水产品消费的重要渠道之一。目前，通过电子商务销售的水产品占水产品总产量的比例仍然很低，未来仍具有巨大的发展空间。

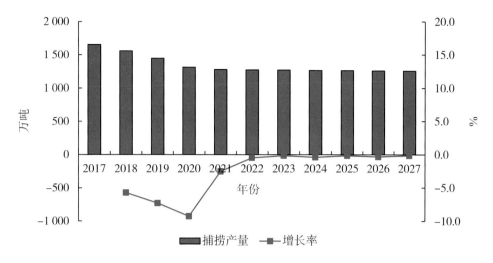

图 11-4　2017—2027 年水产品捕捞产量及增长率

数据来源：中国农业科学院农业信息研究所 CAMES 预测

随着生活节奏的加快、加工技术工艺的进步，人们对水产品即食休闲食品的需求将不断增加。展望期间，水产品加工消费将进一步增长，加工消费占总消费量的比例将进一步提高。预计 2018 年水产品加工消费将达到 2 713 万吨，2020 年将增至 2 748 万吨，2027 年将进一步增至 2 930 万吨（图 11-5），水产品加工消费量将年均增长 0.8%，占总消费量的比例将由 2017 年的 38.5% 增至 2027 年的 40.7%。

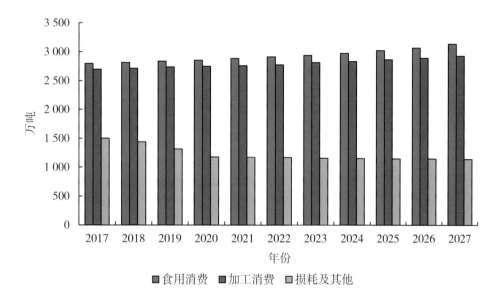

图 11-5　2017—2027 年中国水产品消费情况

数据来源：中国农业科学院农业信息研究所 CAMES 预测

随着水产品冷藏设施建设、冷链技术应用与进步，水产品损耗将逐渐下降，损耗率将呈现不断下降态势。预计 2018 年水产品损耗及其他消费为 1 441 万吨，占总消费量的 20.7%；2020 年将降至 1 181 万吨，占总消费量的 17.4%；2027 年将进一步降至 1 140 万吨，占总消费量比例将降至 15.8%，较 2017 年下降 5.7 个百分点（图 11-6）。

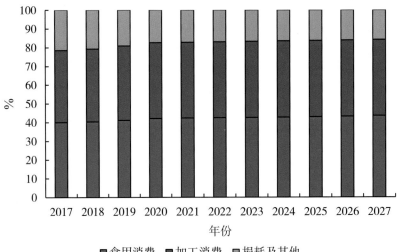

图 11-6　2017—2027 年中国水产品消费结构

数据来源：中国农业科学院农业信息研究所 CAMES 预测

2.4　贸易展望

2.4.1　出口总体保持稳定

根据世界银行预测，2018 年全球经济增速将小幅加快。世界经济增长复苏加快，意味着国际水产品消费需求的潜在增长，有利于拉动水产品出口。未来，中国还将不断拓展水产品出口贸易对象与渠道，也将有利于推动水产品出口增长。但受国内水产品生产供应总体调减、人民币汇率变动以及周边国家渔业发展与国内逐渐形成同构竞争等因素影响，中国水产品出口仍面临较大增长压力，存在着较大的不确定性。展望期间，预计中国水产品出口将基本保持稳定，2018 年水产品出口量为 406 万吨，2020 年出口量为 401 万吨，2027 年出口量为 416 万吨。随着国内水产品消费增长与升级，部分传统出口产品，如小龙虾、大黄鱼、罗非鱼、对虾、贝类等产品，国内市场日益扩大，价格行情不断看好，出口意愿逐渐下降，存在着逐步转向内销的趋势。

2.4.2　进口继续较快增长

作为全球重要的水产品进口市场，中国市场正受到越来越多的关注。近年来，借助水产品电子商务的快速发展，国外海鲜纷纷登陆国内，进口规模不断扩大。按照相关自贸协定进程安排，2017年中国下调金枪鱼、北极虾、带鱼、帝王蟹等多类海鲜产品进口关税，2018年进一步降低与东盟、巴基斯坦、韩国、冰岛、瑞士、哥斯达黎加、秘鲁、澳大利亚、新西兰自贸协定以及内地分别与港澳的更紧密经贸安排（CEPA）项下的部分商品协定税率，其中涉及多种水产品。2018年1月，人民币兑美元中间价累计调升超过2 000个基点，人民币兑美元升值幅度超3%。可以预期，水产品进口将继续较快增长，预计2018年水产品进口515万吨，2020年进口545万吨，2027年进口578万吨，进口量将年均增长1.7%（图11-7）。

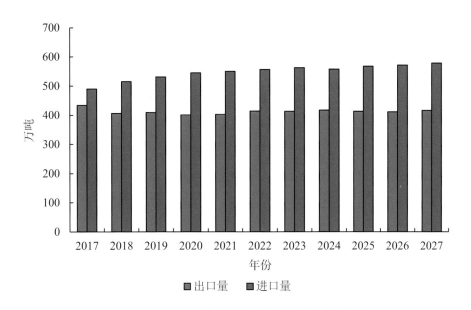

图 11-7　2017—2027 年中国水产品出口量与进口量情况

数据来源：中国农业科学院农业信息研究所 CAMES 预测

2.5　价格展望

受到国内生产规模调整、人工成本刚性增长等因素影响，水产品价格总体将呈上涨态势，但在市场总体供给充足、部分大宗产品供给偏松的背景下，价格上涨幅度较为有限，将呈温和上涨态势。预计，未来10年水产品价格年均涨幅将保持在2%~3%，2018年水产品价格涨幅将在4%以内。

展望期间，随着海洋捕捞过剩产能的逐步压减、近海与内陆捕捞产量的显著下降，海水产品，特别是海水捕捞产品价格涨幅将高于以往水平，预计海水产品价格年均涨幅或将超过3%。受养殖品种结构调整、养殖成本不断上升等因素影响，淡水产品价格也将有所上涨，但价格上涨幅度总体上将低于海水产品，年均涨幅将保持在2%左右。

3　不确定性分析

3.1　气象灾害或对水产品养殖与捕捞造成影响

极端恶劣天气容易对渔业生产造成影响，带来水产品产量损失。近两年，"厄尔尼诺"现象、"拉尼娜"现象交替出现，与之相伴的台风、暴雨、寒潮等灾害频频发生，对水产品生产供给造成巨大损失。根据国家气候中心监测，2017年12月赤道中东太平洋已进入"拉尼娜"状态，2018年春季形成一次弱的"拉尼娜"现象的可能性比较大。这一情况可能引起降水变化，引发暴雨、洪涝、泥石流等灾害，给水产品养殖生产造成冲击；还可能改变海洋的水温、洋流与环境，并影响到多种海洋鱼类的资源量、栖息地与分布，从而影响海洋捕捞产量。

3.2　汇率变动的不确定性增添了水产品贸易的变数

汇率作为重要的经济变量和政策工具，是统筹对内平衡和对外平衡的枢纽，对进出口贸易有着显著的影响。若人民币升值，通常将带动进口，抑制出口；若人民币贬值，通常将促进出口，抑制进口。2015年8月11日，中国人民银行宣布启动新一轮汇改，其中就包括调整人民币对美元汇率中间价报价机制等多项内容。随着亚投行的成立，人民币正式纳入国际货币基金组织特别提款权（SDR）货币篮子，人民币国际化稳步推进。目前，人民币已成为中国跨境收支第二大货币、全球第六大支付货币、第七大储备货币和第八大外汇交易货币。在人民币国际化持续推进的过程中，人民币汇率弹性明显加强，影响汇率决定的因素更加多元、复杂，汇率变动方向与幅度也越来越难以预料，存在更强的不确定性。汇率变动不确定性的增强也增添了水产品进出口贸易的变数。

3.3　贸易保护主义抬头或影响中国水产品出口

国际金融危机过后，世界经济仍处于深度调整期，主要经济体走势和宏观政策取向分化，贸易保护主义升温，逆全球化倾向抬头，进一步增加了世界经济的不确定性。贸易保护主义抬头使得国际贸易摩擦频发。据商务部数据显示，2017年中国产品共遭遇来自21个国家和地区发起的75起贸易救济调查，涉案金额总计110亿美元，仍然是全球贸易救济调查的最大目标国。2018年，中国所面临的贸易摩擦的总体形势，可能依然会比较严峻。近两年，水产品出口主要目的国纷纷通过提高检测标准、增加检测项目、要求提供追溯记录等手段，设置或提高贸易门槛。贸易保护主义的抬头以及相关措施的实施，将增加中国水产品出口的不确定和不稳定因素。

参考文献

［1］ 大力推进供给侧结构性改革，加快实现渔业现代化——农业部副部长于康震就《全国渔业发展第十三个五年规划（2016—2020年）》发布答记者问［J］.中国水产，2017（2）：3-5.

［2］ 吴燕，孙深.中国鱿鱼生产及进出口贸易分析［J］.中国渔业经济，2013，21（5）：74-79.

［3］ 董晶，慕永通.中国海水贝类出口韩国竞争力分析［J］.中国渔业经济，2016，34（4）：91-98.

［4］ 全国渔业发展第十三个五年规划［N］.中国渔业报，2017-01-09（A01）.

［5］ 农业部.农业部关于进一步加强国内渔船管控、实施海洋渔业资源总量管理的通知［EB/OL］.（2017-01-16）［2018-03-06］.http://www.moa.gov.cn/govpublic/YYJ/201701/t20170120_5460583.htm.

［6］ 新华网.世界银行上调2018年全球经济增长预期［EB/OL］.（2018-01-10）［2018-03-06］.http://www.xinhuanet.com/2018-01/10/c_1122235170.htm.

［7］ 商务部贸易救济调查局.商务部新闻发言人就2017年中国遭遇贸易救济调查等问题答记者问［EB/OL］.（2017-01-16）［2018-03-06］.http://gpj.mofcom.gov.cn/article/rd/201801/20180102704403.shtml.

第十二章

饲　料

　　饲料是畜牧养殖及水产养殖动物的食物来源，为动物生长提供能量、蛋白质、维生素和微量元素等营养物质。工业饲料是在研究动物能量代谢的基础上，通过对饲料原料科学配方，形成标准化饲料产品，在满足动物营养需求的同时，提高饲料原料利用效率，对养殖规模化发展提供支撑。目前我国不同区域、不同品种的养殖工业化程度存在差别，部分采用传统养殖方式的饲料用量难以统计，工业饲料已逐步替代传统饲养方式，成为国内养殖动物的主要食物来源，因此本章节以工业饲料为主进行展望。2017年中国工业饲料总产量和需求量稳中略涨，主要饲料产品价格连续3年下跌，降幅趋于平缓。展望未来10年，工业饲料产量及消费量保持稳步增长，饲料产品价格稳中有升。展望期内产量及消费量年均增长率分别为1.6%和1.7%，预计2018年工业饲料总产量和消费量分别为21 528万吨和21 308万吨，2020年分别达到22 539万吨和22 317万吨，2027年将进一步增至24 701万吨和24 483万吨。

1 2017年市场形势回顾

1.1 工业饲料总产量稳中有增

　　2017年中国工业饲料总产量小幅增加，约为21 031万吨，较上年增加0.5%，连续7年位居世界第一。饲料产品结构持续调整，配合饲料产量和添加剂预混合饲料产量增加，浓缩饲料产量下降。主要饲料原料市场供给充足，原料成本下降，带动配合饲料产量增加，达到18 562万吨，较上年增加0.9%。浓缩饲料产量为1 762万吨，较上年下降3.8%。添加剂预混合饲料在新型添加剂发展的带动下，产量达到707万吨，较上年增加2.3%（图12-1）。

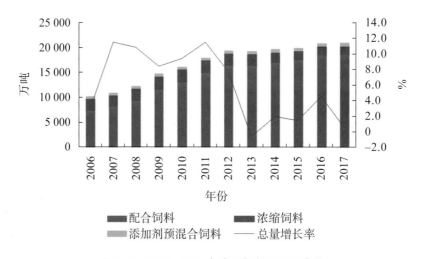

图12-1 2006—2017年中国饲料工业总产量

数据来源：2006—2016年数据来自《中国农业统计资料》，2017年数据来自中国农业科学院农业信息研究所CAMES预测

1.2　工业饲料消费量略有增加

2017 年国内工业饲料总消费量达到 20 822 万吨，较上年增加 0.5%，其中生猪和水产饲料消费量增幅较大，禽类和反刍饲料消费量下降明显。生猪饲料消费量为 9 078 万吨，较上年增加 4.9%，生猪养殖整体维持盈利，养殖产能加速向规模企业转移，带动工业饲料消费量增加。禽业养殖出现亏损，持续去产能拉低饲料需求，肉禽饲料和蛋禽饲料需求量分别为 5 677 万吨和 2 853 万吨，较上年分别下降 4.5% 和 4.2%。反刍饲料受奶牛养殖利润减少、产能下降的双重影响，需求量降至 809 万吨，较上年下降 8.6%。水产饲料需求量为 2 033 万吨，较上年增长 6.9%，水产养殖产量增加以及部分养殖品种从传统饲喂方式转向使用配合饲料，扩大了水产饲料需求。

1.3　主要饲料原料及产品价格处于低位

主要饲料原料价格整体处于低位。我国饲料中能量原料以玉米为主，稻谷、高粱和大麦等为补充，植物蛋白原料则以豆粕为主，菜粕、棉粕等为补充，鱼粉是动物源蛋白的主要来源。玉米价格连续 3 年下降，2017 年国内批发市场均价为 1 911 元 / 吨，与上年相比下跌 5.7%，为 8 年内低点。豆粕价格小幅回升，为 10 年内第二低位，豆粕相对菜粕、棉粕等原料存在比较优势，在饲料中大量替代了其他原料，需求增长带动价格上涨，国内批发市场均价为 3 355 元 / 吨，较上年涨 1.9%。进口鱼粉总体供给充足，价格连续两年下跌，国内批发市场均价为每吨 12 227 元 / 吨，较上年下跌 1.2%（图 12-2）。

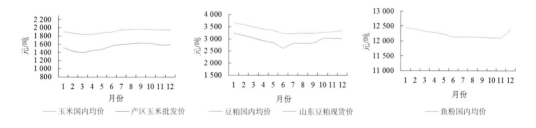

图 12-2　2017 年中国主要饲料原料价格走势

数据来源：中国农业部畜牧业司

主要配合饲料价格低位波动趋稳。2017 年育肥猪、肉鸡、蛋鸡配合饲料全年均价分别为每千克 3.01 元、3.08 元和 2.81 元，与上年相比分别下降 1.6%、1.0% 和 1.1%，跌幅比上年缩小 3.7%、5%、5.5%，价格整体较为稳定。月度价格呈现先抑后扬的走势：1—6 月饲料产品价格持续下跌，6 月降至年内低点，育肥猪、肉鸡、蛋鸡配合饲料分别为每千克 2.96 元、3.05 元和 2.77 元，较年初分别降 4.0%、

3.4% 和 3.6%；7—12 月原料价格走高带动饲料产品价格稳步上涨，截至 12 月 3 种主要配合饲料价格分别为每千克 3.02 元、3.10 元和 2.83 元，年内跌幅分别 为 2.2%、1.3% 和 1.3%，较 2014 年 9 月历史高点分别下跌 11.4%、10.9% 和 11.8%，与 2011 年同期价格持平（图 12-3）。

图 12-3　2012—2017 年中国主要饲料产品价格走势

数据来源：中国农业部畜牧业司

1.4　饲料原料进口量总体增幅明显

饲料能量原料进口增加。2017 年玉米累计进口 282.5 万吨，较上年减 少 10.8%，主要来源于乌克兰和美国。大麦累计进口 886.4 万吨，较上年增加 77.1%，其中澳大利亚和加拿大分别占比 73.1% 和 15.9%。高粱累计进口 505.7 万 吨，较上年减 23.9%，主要来自美国。3 种主要能量原料 2017 年进口量为 1 674.6 万吨，较上年增加 13.0%。

饲料蛋白原料进口增幅较大。大豆 2017 年累计进口 9 553.7 万吨，较上年增 加 13.9%，其中美国和巴西进口分别占 34.4% 和 53.3%。豆粕全年进口 6.0 万 吨，较上年增 2.3 倍。菜籽和菜粕分别进口 474.8 万吨和 89.0 万吨，较上年分别 增 33.2% 和 76.6%，主要来自于加拿大。玉米酒糟受反倾销关税和反补贴关税的 影响，累计进口 39.1 万吨，较上年减 87.3%，主要来自于美国。鱼粉累计进口 157.5 万吨，较上年增 51.9%，其中秘鲁鱼粉占总进口量的 44.4%，美国和越南进 口占比增加，进口来源国呈现多元化趋势。

2　未来 10 年市场走势判断

2.1　总体判断

中国饲料工业从快速增长期进入发展成熟期，行业面临市场竞争加剧和资源环 境约束等诸多挑战。未来工业饲料发展紧跟养殖业调整产业布局，以创新为驱动带动产品提质增效，实现行业的转型升级。

工业饲料总产量增幅放缓，产品结构加速调整。预计 2018 年饲料工业总产量将达到 21 528 万吨，与上年相比增加 2.4%。展望期间，总产量年均增长率为 1.6%，增幅趋缓。到 2020 年将达到 22 539 万吨，2027 年有望进一步增至 24 701 万吨。养殖工业化和规模化比例加速提升，配合饲料产量增幅将快于饲料工业总产量的增幅，未来 10 年年均增长 2.1%，展望期末配合饲料占饲料工业总产量的比例将提升至 92.1%。添加剂预混合饲料在生物技术引领下发展加快，成为行业技术创新的主要领域之一，年均增幅为 2.6%。

工业饲料消费量将持续增长，饲料使用效率提升。2018 年中国工业饲料消费量预计为 21 308 万吨，较 2017 年增长 2.3%。展望期间，中国工业饲料消费量的年均增长率保持在 1.7% 左右，到 2020 年将达到 22 317 万吨，2027 年将涨至 24 483 万吨，较 2017 年增长 17.6%。从主要品种来看，生猪饲料和水产饲料是需求增长的主要动力，禽类饲料需求增幅趋于稳定，反刍饲料发展潜力较大。

饲料产品价格稳中有涨。短期内，主要原料价格仍处于较低水平，饲料成本低位波动，养殖产能增加对饲料价格有一定支撑，预计 2018 年育肥猪、肉鸡、蛋鸡配合饲料价格分别为每千克 3.05 元、3.12 元和 2.85 元。长期来看，饲料企业规模效益增加，单位生产成本有所下降，玉米、大豆等主要原料供给将由宽松转向均衡偏紧，原料价格由弱转强，饲料产品价格稳中有涨。预计 2020 年 3 种主要配合饲料价格将达到每千克 3.12 元、3.19 元和 2.91 元，2027 年将进一步涨至每千克 3.45 元、3.52 元和 3.23 元。

2.2 生产展望

工业饲料总产量增幅放缓，行业经营效率提升。未来 10 年，我国工业饲料进入发展成熟期，产量仍呈现增长趋势，增速有所放缓。短期内，饲料行业内部落后产能逐步淘汰，饲料企业规模化加快，在原料采购、生产管理等环节形成规模效益，生产效率有所提高，预计 2018—2020 年产量年均增幅为 2.3%，2018 年和 2020 年总产量将分别达到 21 528 万吨和 22 539 万吨。长期来看，国内饲料原料和饲草保障能力增强，蛋白原料来源多元化发展，农副产品通过加工可转化为工业饲料原料，突破原料资源对行业发展的制约，为工业饲料长期增长提供支撑。未来饲料精准配方技术以及原料加工技术日趋完善，将提高饲料产品转化效率，一定程度上减缓产量增长速率，2021—2027 年产量增幅将降至 1.3%。预计到 2027 年产量将达到 24 701 万吨，较 2017 年增长 17.4%。在展望期内，工业饲料产量年均增幅为 1.6%，较过去 10 年年均 4.9% 的增幅明显放缓。

饲料产品结构优化升级。在绿色、环保的理念下，饲料产品向资源利用率高、低污染排放的方向发展，结构持续优化，产品技术含量不断提升。配合饲料产量稳定增加，产品从同质化向多元化发展，从单一配方向动态配方发展，针对不同养殖主体，将开发多种功能的饲料产品，展望期内年均增幅为 2.1%，高于饲料工业总产量年均 1.6% 的增长率。预计 2018 年配合饲料产量将达到 19 135 万吨，2020 年进一步增至 20 271 万吨，2027 年配合饲料产量将达到 22 748 万吨，占饲料工业总产量的比重预计将达到 92.1%。浓缩饲料养殖效率低，需求下降，产量继续萎缩，展望期内年均降幅约为 5.2%，预计 2018 年和 2020 年产量分别为 1 668 万吨和 1 505 万吨，2027 年将进一步降至 1 036 万吨，较 2017 年产量下降 41.2%，展望期末浓缩饲料占比将降至 4.0%。添加剂预混饲料发展加快，新型酶制剂以及微生物制剂除了有抗氧化、抗应激、分解霉菌毒素等功能外，将在取代抗生素、提高饲料转化率、防污减排等领域发挥潜能，是未来饲料行业技术发展的核心之一，展望期内年均增幅为 2.6%。2018 年产量预计为 725 万吨，2020 年将达到 763 万吨，2027 年将增至 917 万吨，与 2017 年相比增长 29.7%（图 12-4）。

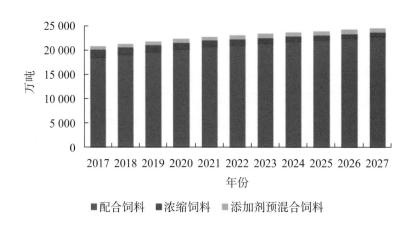

图 12-4　2017—2027 年中国工业饲料产量

数据来源：中国农业科学院农业信息研究所 CAMES 预测

2.3　消费展望

工业饲料需求持续增长，饲料使用效率提高。国内养殖行业增速放缓，养殖方式向低耗、提质、增效转变，规模企业占比提高，更需要高品质、精细化的饲料作为支撑，工业饲料消费需求将稳步增加。未来 10 年工业饲料消费量增幅呈现前高后低的变化趋势，年均增长率约为 1.7%。展望前期，养殖落后产能加速淘汰，规模化养殖企业新增产能逐步释放，预计 2018—2020 年饲料需求年均增幅为 2.3%，2018 年和 2020 年工业饲料消费量将分别为 21 308 万吨和 22 317 万吨，较 2017 年增长 2.3% 和 7.2%。长期来看，饲料需求随养殖存栏量增加保持增长，饲料使用效率提高，需求增幅有所下降。未来养殖品种和养殖技术的改善将有效提高饲料报酬率，畜禽产品单位产出的饲料消耗量下降；饲料购销模式的改变也将提高饲料使用效率，未来定制饲料和饲料散装散运逐步普及，有效保证饲料新鲜度，减少营养物质损耗。预计 2021—2027 年饲料需求增幅降至 1.3%，2027 年工业饲料需求将达到 24 483 万吨，较基期增长 17.6%（图 12-5）。

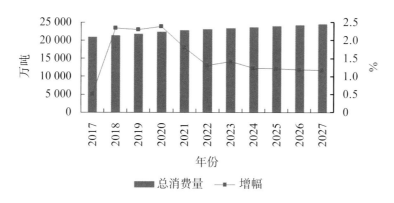

图 12-5　2017—2027 年中国工业饲料消费量

数据来源：中国农业科学院农业信息研究所 CAMES 预测

生猪饲料和水产饲料是需求增长的主要动力。生猪饲料需求占国内需求的 40% 以上，短期内，环境保护政策将持续发挥作用，养殖结构调整，配合饲料逐步替代浓缩饲料需求，需求增长幅度高于猪肉产量的增幅，预计 2018—2020 年年均增长率为 3.0%，2018 年和 2020 年消费量将分别达到 9 314 万吨和 9 910 万吨；展望后期，养殖结构趋于稳定，饲料需求主要依靠养殖规模拉动，年均增幅降至 1.3%，预计 2027 年消费量将达到 11 118 万吨，较 2017 年增长 22.5%，未来 10 年年均增幅为 2.0%。水产养殖中需摄食配合饲料的养殖量使用配合饲料比例仍不足 60%，展望前期，由于以冰鲜鱼等单一原料饲喂的养殖品种逐步改为使用配合饲料，水产饲料需求增长较快，预计 2018—2020 年年均增幅为 4.0%，2018 年和 2020 年消费量将分别为 2 125 万吨和 2 243 万吨。展望后期，水产养殖面积将稳定在合理水平，养殖技术提升带动水产单位产量增加，水产饲料需求年均增幅为 1.0%，预计 2027 年将达到 2 434 万吨。肉禽和蛋禽养殖工业饲料普及率达到 90% 以上，市场需求基本达到饱和，预计肉禽饲料、蛋禽饲料 2018 年消费量将分别达到 5 745 万吨和 2 896 万吨；展望期内，禽类饲料消费的增长将与禽肉、禽蛋品种的发展趋势相同，肉禽饲料、蛋禽饲料消费量年均增长幅度分别为 1.1% 和 0.8%，2020 年将分别达到 5 889 万吨和 2 963 万吨，2027 年将分别增至 6 345 万吨和 3 077 万吨。反刍动物工业饲料使用比例不到 20%，仍以传统的饲喂方式为主。短期内，养殖利润回升，饲料需求恢复增长，预计 2018 年将达到 830 万吨；展望期内，反刍动物营养和饲料配方研究取得进展，全混合日粮替代精粗分开的饲喂方式，消费量有一定增长潜力，预计 2020 年和 2027 年反刍动物饲料消费量将分别增长至 878 万吨和 959 万吨，年均增幅为 1.7%（图 12-6）。

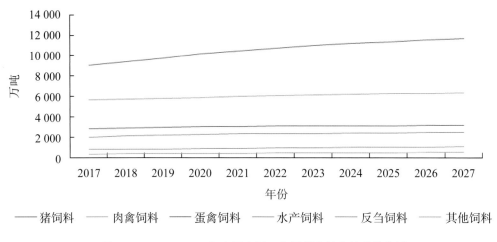

图 12-6 2017—2027 年中国主要工业饲料产品分品种消费量

数据来源：中国农业科学院农业信息研究所 CAMES 预测

2.4 价格展望

饲料产品价格稳中有涨。饲料行业属于微利行业，产品利润较为稳定，主要配合饲料产品中原料成本占比 70% 左右，是重要的变动因素。短期内，玉米、豆粕等原料价格仍将处于较低水平，饲料成本低位波动，养殖产能增加对饲料价格有一定支撑，预计 2018 年育肥猪、肉鸡、蛋鸡配合饲料价格分别为每千克 3.05元、3.12 元和 2.85 元，较上年涨幅均为 1.3%。未来农业供给侧结构性改革深入，国内玉米种植面积和库存调减到位，玉米价格将步入上涨区间。到 2020 年，3 种主要配合饲料价格将达到每千克 3.12 元、3.19 元和 2.91 元，较 2017 年分别涨3.7%、3.6% 和 3.6%。长期来看，土地、人工、能源等价格不断增长，但随着企业规模效益增加，单位生产成本有所下降，主要原料供给将由宽松转向均衡偏紧，原料价格由弱转强，饲料成本将保持平稳略增。畜禽及水产养殖仍呈现扩张趋势，饲料需求稳步增长，饲料产品价格稳中有涨。预计 2027 年育肥猪、肉鸡、蛋鸡配合饲料价格分别为每千克 3.45 元、3.52 元和 3.23 元，较 2017 年分别上涨 11.6%、12.0% 和 12.1%。

3 不确定性分析

3.1 生产及技术因素

饲料行业竞争加剧，利润空间下降，养殖业需求升级，饲料产品能否实现降低成本、提升质量是行业发展的关键。实现规模化生产是饲料企业发展的必然趋势，但规模化发展受到土地资源的约束，排污等管理成本也将随之增加，未来用地和环保成本发生改变，将使饲料行业规模化进程有所减缓。技术进步也是影响行业发展的重要因素。生物技术已广泛应用于饲料行业，未来将在营养改良、安全环保、精准配方等多领域深入发展；信息技术也将在企业管理、资源配置和拓展服务等方面带来经营模式的改变。但技术研发和使用的过程中，研究进度和实际应用效果无法确定，重大的创新无法预见，将使得饲料行业发展与预期出现偏差。

3.2 国内政策因素

农业供给侧结构性改革持续深入，农产品市场定价机制深化改革，种植业、养殖业规划陆续发布，在其影响下种植和养殖产业结构和布局发生了深刻变化，饲料行业也将面临区域性和结构性调整。在贸易政策方面，随着原料进口大量增加，我国对入境原料检测日趋严格，针对部分品种采取征收反倾销、反补贴关税和自动进口许可管理等贸易手段，贸易政策调控将改变原料市场的供需状况。展望期内，新发展理念下的农业政策改变或将改变饲料行业格局，引导饲料产品需求转型升级，而政策涉及的领域、发布时间、导向和执行力度无法确定，将改变饲料行业发展进程的预期。

3.3 国际市场因素

国际大宗商品市场间价格相互传导，国际原油价格与国内玉米和豆粕市场价格变动存在因果关系，其与生物质能源比价也将影响全球玉米、大豆的供需均衡，造成饲料原料的价格变化。农产品在商品价值外，还具有金融属性，金融资本通过期货市场介入农产品市场定价，加大了市场波动，汇率变动、货币政策变化都会导致资金流向发生改变，农产品期货价格阶段性偏离实际的供需关系，给实体经济带来风险。此外，主要原料出口国政策变动以及新自贸区建立都将改变原料进口格局。

参考文献

［1］ 新华社 . 中央农村工作会议在北京举行 习近平作重要讲话［EB/OL］.（2017-12-29）［2018-03-01］. http://www.gov.cn/xinwen/2017-12/29/content_5251611.htm.

［2］ 农业部 . 全国农业工作会议在京召开［EB/OL］.（2018-01-01）［2018-03-01］. http://www.gov.cn/xinwen/2018-01/01/content_5252170.htm.

［3］ 农业部 . 全国种植业结构调整规划（2016—2020 年）［EB/OL］.（2016-04-28）［2017-03-08］. http://www.moa.gov.cn/zwllm/tzgg/tz/201604/t20160428_5110638.htm.

［4］ 农业部畜牧司 . 饲料工业"十三五"发展规划［EB/OL］.（2016-10-25）［2017-03-08］. http://www.feedtrade.com.cn/policy/standard/2016-10-25/1984998.html.

［5］ 农业部市场预警专家委员会 . 中国农业展望报告（2017—2026）［M］. 北京：中国农业科学技术出版社，2017.

［6］ 王火根，丁文峰 . 国际原油价格对国内农产品价格传导机制研究［J］. 农林经济管理学报，2013，12（1）：71-76.

［7］ 中国饲料工业协会信息中心 . 2014 年全国反刍饲料生产形势回顾与展望［J］. 饲料广角，2015（6）：16-17.

［8］ 叶元土 . 只有适应养殖业的发展需要，才能赢得水产饲料企业的发展机遇［J］. 饲料工业 2016（2）：1-9.

［9］ 胡向东，王济民 . 中国生猪饲料耗粮量估算及结构分析［J］. 农业技术经济，2015（10）：4-13.

附 件

附件 1 术语说明

农业供给侧结构性改革

把增加绿色优质农产品供给放在突出位置，把提高农业供给体系质量和效率作为主攻方向，把促进农民增收作为核心目标，从生产端、供给侧入手，创新体制机制，调整优化农业的要素、产品、技术、产业、区域、主体等方面结构，优化农业产业体系、生产体系、经营体系，突出绿色发展，聚力质量兴农，使农业供需关系在更高水平上实现新的平衡。

目标价格制度

指国家或某一地区综合一定时期内种植成本实际增长和农民合理收益等因素制定的一种政策性参考价格。如果市场价格低于目标价格，按两者的价差核定补贴额，由政府直接补贴给农民；如果市场价格高于目标价格，则不启动。

玉米生产者补贴制度

是国家针对玉米生产者的补贴制度，以保持种植收益基本稳定。主要内容是玉米价格由市场形成，同时中央财政对特定区域的玉米生产者给予与产量不挂钩的收入补贴。

滑准税

滑准税是一种关税税率随进口商品价格由高到低而由低至高设置计征关税的方法。我国 2005 年 5 月开始对关税配额外棉花进口配额征收滑准税，税率滑动的范围为 5%~40%。

糖料蔗价格指数保险试点

糖料蔗价格指数保险以白糖平均销售价格为基准，保险公司根据在保险期间内实际白糖平均销售价格水平，给予蔗农赔款补偿。广西壮族自治区于 2015/16 榨季开展试点，试点面积 40 万亩。

进口食糖保障措施

根据广西糖业协会的申请，商务部于 2016 年 9 月 22 日决定对进口食糖产品发起保障措施调查，并于 2017 年 5 月 22 日发布关于对进口食糖采取保障措施的公告，决定自 2017 年 5 月 22 日起，对进口食糖产品实施保障措施。保障措施采取对关税配额外进口食糖征收保障措施关税的方式，实施期限为 3 年，自 2017 年 5 月 22 日至 2020 年 5 月 21 日，实施期间措施逐步放宽。2017 年 5 月 22 日至

2018 年 5 月 21 日，保障措施关税税率为 45%；2018 年 5 月 22 日至 2019 年 5 月 21 日，保障措施关税税率为 40%；2019 年 5 月 22 日至 2020 年 5 月 21 日，保障措施关税税率为 35%。

双控

经国务院批准，中国农业部从 1987 年开始对海洋捕捞渔船船数和功率实行总量控制制度，简称"双控"。

伏季休渔

由中国农业部组织实施的一种渔业资源保护制度。其规定每年一定时间、一定水域不得从事捕捞作业。因该制度所确定的休渔时间处于每年的三伏季节，所以又称伏季休渔。

榨季

划分来自于国际糖业组织（ISO）。根据糖料作物年度，榨季始于当年的 10 月 1 日，截至次年的 9 月 30 日。

厄尔尼诺 - 拉尼娜现象

厄尔尼诺现象（El Niño Phenomenon）又称厄尔尼诺海流，是太平洋赤道带大范围内海洋和大气相互作用后失去平衡而产生的一种气候现象。拉尼娜现象是指赤道太平洋东部和中部海面温度持续异常偏冷的现象（与厄尔尼诺现象正好相反），是热带海洋和大气共同作用的产物。拉尼娜现象往往追随厄尔尼诺现象到来。拉尼娜现象的另一重要影响是异常高水平的市场波动。

油料

中国国家统计局的统计中油料部分不包括大豆和棉籽，但这两种作物是国内重要的榨油原料，故本报告第三章油料包括大豆、油菜籽、花生、棉籽及其他榨油原料。

水果

根据中国国家统计局数据，本报告中水果产量数据指园林类水果产量和西甜瓜等瓜类水果产量的总和，水果种植面积数据包括园林类水果面积和瓜类水果面积。对外贸易数据中，所统计的水果及其制品主要为园林类水果及其制品，未包含西甜瓜类。本报告水果平衡表中，水果进口量与水果出口量数据包含水果制品，并已经将果汁、水果罐头等水果制品按照一定比例折算为鲜果量。

大豆蛋白产品

大豆蛋白产品有粉状大豆蛋白产品和组织化大豆蛋白产品两种。粉状大豆蛋白产品是大豆为原料经脱脂、去除或部分去除碳水化合物而得到的富含大豆蛋白质的产品，视蛋白质含量不同，分为 3 种：大豆蛋白粉，蛋白质含量（干基计）50%~65%；大豆浓缩蛋白，蛋白质含量（干基计）65%~90%；大豆分离蛋白，蛋白质含量（干基计）90% 以上。组织化大豆蛋白是以粉状大豆蛋白产品为原料经挤压蒸煮工艺得到的具有类似于肉的组织结构的产品，视蛋白质含量不同，分为两种：组织化大豆蛋白粉，蛋白质含量（干基计）50%~65%；组织化大豆浓缩蛋白，蛋白质含量（干基计）70%左右。

大豆食用加工产品

大豆可以加工成豆腐、豆浆、腐竹等豆制品，还可以提炼大豆异黄酮。其中，发酵豆制品包括腐乳、臭豆腐、豆瓣酱、酱油、豆豉、纳豆等。而非发酵豆制品包括水豆腐、干豆腐（百页）、豆芽、卤制豆制品、油炸豆制品、熏制豆制品、炸卤豆制品、冷冻豆制品、干燥豆制品等。豆粉则是代替肉类的高蛋白食物，可制成多种食品，包括婴儿食品。

进口棉价格指数（FC Index M）

FC Index M 代表中等级棉花价格（相当于国际棉花标准的M级）。反映发布当日即期装船国际棉到中国主港的 CNF 价（即成本加运费，不包括关税、增值税、港口费用和保险费）。该报价采集多家国际棉商在中国主港的报价作为基础数据，以海关公布的各主产国进口量占总进口量比例作为基本权重，采用发布当月的前12 个月的移动平均进行加权校准，每月第一个工作日对权重进行调整，并采用调整后权重计算，同时参考外商在远东港口的报价和考特鲁克 A 指数作为校正参数，综合考虑最终形成进口棉价格指数。该指数反映中国进口外棉的综合到港报价水平，不代表某具体棉花品种报价。

祖代种鸡

鸡一般是杂交出来的，具体分为原代（也称为曾祖代）、祖代、父母代、商品代。曾祖代可以自繁留种，仍是曾祖代。祖代鸡是第一代鸡，由育种公司或者育种场饲养，其后代是父母代，不能留作与其同级的种。

父母代种鸡

用来生产商品代肉鸡苗的鸡，由种鸡场饲养，能保持很高的一致性以及产蛋率。

商品代鸡

经过杂交的供养殖户饲养的鸡，有最佳的生产性能。商品代鸡不能留作种用，留种后代生产性能大幅下降。

复原乳

又称"还原乳"或"还原奶"，是指以全脂奶粉、脱脂奶粉、奶油等为原料，添加适量的水制成与原乳中水、固体物比例相当的乳液。

生鲜乳

又称"原料奶"，即从奶牛乳房挤出来未经过任何处理的生牛奶。

对虾 EMS

南美白对虾"早期死亡综合征"（Early Mortality Syndrome）的简称，又名对虾肝胰腺坏死综合征。业界对该病害的病原学有不同观点，患病对虾主要在仔虾和幼虾阶段大量死亡，并且死亡对虾的肝胰腺呈现明显的病变特征，故此得名。

配合饲料

根据动物营养需要，按科学配方把能量、蛋白质和矿物质饲料以及各种饲料添加剂依一定比例均匀混合，并按规定的工艺流程生产的饲料，直接用于饲喂饲养对象，能全面满足饲喂对象除水分外的营养需要。

浓缩饲料

由添加剂、预混料、蛋白质饲料和钙、磷以及食盐等按配方制成，不包含能量原料，是全价配合饲料的组分之一。

添加剂预混料

主要含有矿物质、维生素、氨基酸、促生长剂、抗氧化剂、防霉剂、着色剂等，是配合饲料的半成品，可供生产全价配合饲料及浓缩饲料使用，不能直接饲喂动物。

附件 2 宏观经济社会发展主要指标假设

表 1 中国宏观经济社会发展环境主要假设

类别	年份										
	2017	2018	2019	2020	2021	2022	2023	2024	2025	2026	2027
国内生产总值（GDP）/%	6.9	6.7	6.6	6.5	6.3	6.1	6	5.9	5.7	5.5	5.3
人口 / 万人	139 008	139 675	140 262	140 795	141 231	141 613	141 967	142 251	142 507	142 706	142 849
居民消费价格指数（CPI）	1.6	2	2.2	2.3	2.4	2.5	2.5	2.6	2.6	2.6	2.6
国际原油价格 /（美元 / 桶）	50.45	55.3	59.85	63.75	67.15	69.55	71.25	72.55	74.3	75.9	76.9
人民币兑美元汇率 /（CNY/USD）	6.75	6.65	6.62	6.6	6.56	6.5	6.45	6.41	6.36	6.3	6.25
城镇居民可支配收入 / 万元	36 936	38 398	40 318	42 132	43 733	45 264	46 712	48 113	49 557	50 796	51 812
农村居民可支配收入 / 万元	13 432	14 399	15 407	16 486	17 607	18 786	20 026	21 328	22 693	24 122	25 570
常住人口城镇化率 /%	58.52	59.55	60.5	61.3	62.1	62.9	63.6	64.1	64.6	65	65.4
户籍人口城镇化率 /%	42.5	43.7	44.9	46.1	47.1	48.1	49.1	50	50.9	51.7	52.5

附件 3 主要品种供需平衡表

表 1　2017—2027 年中国大米供需平衡表　　单位：万吨

类别	年份										
	2017	2018	2019	2020	2021	2022	2023	2024	2025	2026	2027
生产量	14 599	14 217	14 142	14 067	14 205	14 359	14 514	14 671	14 829	14 911	14 993
进口量	399	388.9	377.61	346.1	346.38	337.1	348.29	364.97	372.16	384.87	398.14
国内消费量	14 856	14 953	15 030	15 153	15 217	15 310	15 336	15 375	15 418	15 464	15 483
口粮消费	10 888	10 899	10 924	10 958	10 970	11 006	11 013	11 035	11 065	11 103	11 116
饲用消费	1 261	1 297	1 300	1 309	1 313	1 316	1 320	1 324	1 328	1 332	1 335
工业消费	1 084	1 129	1 171	1 214	1 246	1 278	1 298	1 319	1 327	1 335	1 342
种子消费	158	157	157	156	156	157	156	157	157	157	157
损耗	1 585	1 596	1 606	1 626	1 632	1 633	1 629	1 625	1 621	1 617	1 613
出口量	120	125	128	110	100	80	80	85	80	80	80
结余变化	22	−472	−638	−850	−766	−694	−554	−424	−297	−248	−172

表 2　2017—2027 年中国小麦供需平衡表　　单位：万吨

类别	年份										
	2017	2018	2019	2020	2021	2022	2023	2024	2025	2026	2027
生产量	12 977	12 960	12 955	12 978	12 995	13 027	13 076	13 152	13 164	13 174	13 182
进口量	380	372	370	367	353	340	328	311	297	286	276
国内消费量	12 441	12 583	12 709	12 839	12 968	13 098	13 219	13 352	13 407	13 467	13 526
口粮消费	8 700	8 739	8 773	8 811	8 846	8 882	8 905	8 938	8 945	8 951	8 956
饲用消费	1 200	1 245	1 287	1 328	1 370	1 414	1 460	1 507	1 530	1 554	1 579
工业消费	1 500	1 556	1 608	1 660	1 713	1 768	1 825	1 883	1 913	1 943	1 973
种子用量	468	467	466	467	467	467	467	466	466	466	466
损耗量	573	576	576	574	572	567	562	557	552	552	551
出口量	18	20	20	20	15	15	15	10	10	10	10
结余变化	898	729	596	485	365	254	171	101	44	−17	−78

表 3　2017—2027 年中国玉米供需平衡表　　　　　　　　　　　　　　单位：万吨

类别	年份										
	2017	2018	2019	2020	2021	2022	2023	2024	2025	2026	2027
生产量	21 589	21 813	21 687	21 569	21 434	21 865	22 332	22 701	22 973	23 255	23 835
进口量	283	200	300	300	300	300	300	400	450	500	500
国内消费量	21 990	22 465	22 941	23 415	23 766	24 022	24 380	24 737	25 094	25 493	25 883
食用消费	788	789	792	796	797	800	804	805	807	809	812
饲用消费	13 496	13 752	13 999	14 254	14 392	14 498	14 705	14 926	15 067	15 247	15 477
工业消费	6 550	6 778	7 033	7 290	7 435	7 601	7 765	7 918	8 130	8 345	8 500
种子消费	160	159	150	142	134	135	136	137	138	139	140
损耗	996	987	967	934	1 008	989	970	951	952	953	953
出口量	9	10	10	10	10	10	10	10	10	10	10
结余变化	−127	−462	−964	−1 556	−2 042	−1 867	−1 758	−1 646	−1 681	−1 748	−1 558

表 4　2017—2027 年中国大豆供需平衡表　　　　　　　　　　　　　　单位：万吨

类别	年份										
	2017	2018	2019	2020	2021	2022	2023	2024	2025	2026	2027
生产量	1 489	1 518	1 539	1 559	1 571	1 581	1 591	1 600	1 609	1 615	1 620
进口量	9554	9 583	9 588	9 593	9 592	9 671	9 750	9 829	9 919	10 011	10 102
国内消费量	10 512	10 664	10 827	10 998	11 095	11 171	11 224	11 299	11 421	11 552	11 653
压榨消费	8 911	9 019	9 128	9 235	9 340	9 422	9 482	9 556	9 631	9 707	9 783
食用消费	1 198	1 245	1 290	1 343	1 354	1 364	1 370	1 384	1 431	1 488	1 513
种子消费	64	65	65	65	66	66	67	67	67	67	67
损耗及其他消费	339	335	344	355	336	319	305	292	292	291	291
出口量	11	12	12	13	13	13	13	14	14	15	15
结余变化	520	424	287	141	55	68	103	116	94	58	55

表5　2017—2027年食用植物油供需平衡表　　　　单位：万吨

类别	年份										
	2017	2018	2019	2020	2021	2022	2023	2024	2025	2026	2027
生产量	2 737	2 733	2 743	2 740	2 767	2 787	2 807	2 815	2 823	2 843	2 858
进口量	581	571	576	573	568	544	529	514	500	485	484
国内消费量	3 250	3 320	3 321	3 330	3 336	3 342	3 349	3 367	3 381	3 390	3 400
城镇消费	2 311	2 334	2 359	2 424	2 470	2 537	2 569	2 564	2 530	2 547	2 529
农村消费	939	986	962	906	866	805	780	803	851	843	871
出口量	20	14	12	12	13	13	13	15	14	18	17
结余变化	48	−30	−14	−30	−13	−24	−25	−53	−72	−80	−75

表6　2017—2027年中国棉花供需平衡表　　　　单位：万吨

类别	年份										
	2017	2018	2019	2020	2021	2022	2023	2024	2025	2026	2027
生产量	589	570	560	550	540	530	528	520	511	502	500
进口量	110	120	140	160	170	160	150	155	145	150	150
国内消费量	822	820	810	780	760	740	720	700	680	660	650
出口量	1	1	1	1	1	1	1	1	1	1	1
结余变化	−124	−131	−111	−71	−51	−51	−43	−26	−25	−9	−1

表7　2017—2027年中国食糖供需平衡表　　　　单位：万吨

类别	年份										
	2017	2018	2019	2020	2021	2022	2023	2024	2025	2026	2027
生产量	929	1 030	1 048	1 063	1 059	1 080	1 101	1 123	1 145	1 168	1 191
进口量	229	320	390	422	457	495	536	581	627	676	730
国内消费量	1 490	1 500	1 537	1 587	1 628	1 662	1 699	1 763	1 768	1 785	1 832
出口量	12	12	10	11	12	11	12	12	12	12	12
结余变化	−344	−162	−109	−113	−124	−98	−74	−71	−8	47	77

表 8　2017—2027 年中国蔬菜供需平衡表　　　　　　　　　　　　　单位：万吨

类别	年份										
	2017	2018	2019	2020	2021	2022	2023	2024	2025	2026	2027
生产量	81 141	83 336	84 764	85 963	86 392	86 902	87 434	87 805	88 076	88 260	88 408
自损量	28 625	28 217	27 938	27 165	27 021	26 923	26 850	26 743	26 619	26 481	26 475
商品产量	52 919	55 118	56 826	58 797	59 371	59 979	60 584	61 062	61 457	61 779	61 932
进口量	25	24	25	26	25	27	28	28	30	34	35
国内消费量	50 810	52 680	53 788	54 789	55 634	56 377	57 294	58 195	59 032	59 633	60 148
鲜食消费	20 909	22 566	23 576	24 318	24 901	25 384	25 799	26 157	26 474	26 753	26 989
加工消费	11 965	11 936	11 947	12 041	12 226	12 389	12 722	13 134	13 431	13 717	13 926
其他消费	5 774	5 889	5 896	5 954	5 991	6 023	6 131	6 205	6 375	6 451	6 511
损耗	12 162	12 290	12 368	12 476	12 516	12 582	12 642	12 699	12 751	12 712	12 722
出口量	1 095	1 221	1 336	1 402	1 450	1 487	1 517	1 542	1 564	1 584	1 601
结余变化	1 039	1 241	1 728	2 632	2 312	2 142	1 801	1 353	891	597	219

表 9　2017—2027 年中国马铃薯供需平衡表　　　　　　　　　　　　单位：万吨

类别	年份										
	2017	2018	2019	2020	2021	2022	2023	2024	2025	2026	2027
生产量	10 711	10 656	10 955	11 187	11 378	11 332	11 491	11 503	11 584	11 642	11 724
进口量	13	11	10	10	10	9	9	9	9	8	8
国内消费量	10 554	10 672	10 798	10 960	11 151	11 282	11 372	11 471	11 544	11 607	11 631
食用消费	6 301	6 395	6 469	6 528	6 603	6 644	6 675	6 703	6 723	6 741	6 754
加工消费	1 038	1 089	1 145	1 200	1 251	1 298	1 340	1 379	1 416	1 451	1 480
饲用消费	536	529	526	534	543	550	555	559	563	566	566
种用消费	1 301	1 287	1 273	1 298	1 329	1 349	1 359	1 375	1 379	1 387	1 391
损耗量	1 354	1 353	1 363	1 375	1 398	1 412	1 415	1 423	1 429	1 428	1 404
其他用途	24	19	22	25	27	29	30	32	33	33	35
出口量	54	61	67	73	78	80	83	85	86	88	89
结余变化	116	−67	101	164	158	−21	45	−44	−37	−44	11

表10 2017—2027年中国水果供需平衡表　　单位：万吨

类别	年份										
	2017	2018	2019	2020	2021	2022	2023	2024	2025	2026	2027
生产量	29 032	29 670	30 264	30 808	31 317	31 790	32 228	32 634	33 013	33 363	33 683
进口量	486	535	588	647	712	783	822	863	906	951	999
国内消费量	28 186	28 840	29 457	30 036	30 570	31 060	31 525	31 973	32 410	32 833	33 242
直接消费	12 858	13 036	13 209	13 378	13 541	13 699	13 843	13 982	14 119	14 252	14 381
加工消费	3 228	3 341	3 461	3 589	3 726	3 871	4 030	4 203	4 392	4 599	4 824
损耗	12 100	12 483	12 827	13 128	13 324	13 515	13 682	13 823	13 939	14 027	14 088
出口量	1 055	1 119	1 191	1 269	1 355	1 450	1 500	1 553	1 609	1 669	1 732
结余变化	276	225	164	90	83	37	−5	−64	−140	−232	−342

表11 2017—2027年中国猪肉供需平衡表　　单位：万吨

类别	年份										
	2017	2018	2019	2020	2021	2022	2023	2024	2025	2026	2027
生产量	5 340	5 420	5 530	5 670	5 640	5 730	5 800	5 860	5 930	6 010	6 110
进口量	122	90	75	70	80	80	77	65	60	65	70
总供给	5 462	5 510	5 605	5 740	5 720	5 810	5 877	5 925	5 990	6 075	6 180
总需求	5 462	5 510	5 605	5 740	5 720	5 810	5 877	5 925	5 990	6 075	6 180
直接消费	4 079	4 093	4 124	4 213	4 131	4 116	4 124	4 110	4 121	4 151	4 201
加工消费	965	973	1 030	1 068	1 117	1 210	1 260	1 313	1 359	1 406	1 454
损耗	400	426	431	439	453	464	472	480	487	494	500
出口量	17	19	20	21	19	20	21	22	23	24	25

表12 2017—2027年中国禽肉供需平衡表　　单位：万吨

类别	年份										
	2017	2018	2019	2020	2021	2022	2023	2024	2025	2026	2027
生产量	1 897	1 908	1 932	1 958	1 979	2 007	2 038	2 069	2 099	2 126	2 163
进口量	45	50	53	51	50	51	54	48	53	50	48
国内消费量	1 891	1 909	1 934	1 963	1 981	2 006	2 037	2 068	2 105	2 123	2 155
直接消费	1 725	1 739	1 761	1 786	1 798	1 817	1 841	1 864	1 899	1 914	1 942
加工消费	106	110	114	120	126	133	141	148	150	153	157
其他消费	61	61	59	57	57	56	56	56	56	56	56
出口量	51	48	52	45	48	51	55	49	47	53	56

注：加工消费指深加工利用；其他消费包括损耗等

表 13　2017—2027 年中国牛肉供需平衡表　　　　　　　　　　单位：万吨

类别	年份										
	2017	2018	2019	2020	2021	2022	2023	2024	2025	2026	2027
生产量	726	738	752	770	788	803	816	830	843	853	863
进口量	70	79	81	89	98	106	105	110	113	119	122
总供给	796	817	833	859	886	909	921	940	956	972	985
总需求	796	817	833	859	886	909	921	940	956	972	985
直接消费	662	672	680	696	711	724	737	749	761	771	780
加工消费	104	114	121	130	141	150	149	155	158	161	163
其他消费	30	31	32	33	34	35	35	36	37	40	42
出口量	0.1	0.2	0.2	0.3	0.3	0.3	0.3	0.3	0.3	0.3	0.4

表 14　2017—2027 年中国羊肉供需平衡表　　　　　　　　　　单位：万吨

类别	年份										
	2017	2018	2019	2020	2021	2022	2023	2024	2025	2026	2027
生产量	468	476	485	501	513	528	542	553	562	571	581
进口量	25	27	25	25	30	32	28	29	27	28	28
总供给	493	503	508	526	543	560	570	582	589	599	609
总需求	493	503	508	526	543	560	570	582	589	599	609
直接消费	444	454	460	475	489	505	514	524	530	538	545
加工消费	30	29	30	31	32	33	33	34	35	36	38
其他消费	19	19	19	20	21	21	22	23	23	24	25
出口量	0.5	1	1	1	1	1	1	1	1	1	1

表 15　2017—2027 年中国禽蛋供需平衡表　　　　　　　　　　单位：万吨

类别	年份										
	2017	2018	2019	2020	2021	2022	2023	2024	2025	2026	2027
生产量	3 070	3 148	3 169	3 185	3 208	3 223	3 242	3 262	3 280	3 301	3 322
进口量	0.001	0.001	0.001	0.001	0.001	0.001	0.001	0.001	0.001	0.001	0.001
国内消费量	3 066	3 141	3 158	3 175	3 196	3 213	3 232	3 251	3 271	3 290	3 309
鲜食消费	2 353	2 406	2 417	2 431	2 443	2 455	2 466	2 475	2 484	2 495	2 505
加工消费	476	483	488	489	496	500	506	514	523	533	541
种用及损耗	237	252	254	254	257	258	260	261	263	263	264
出口量	11	10	10	10	10	10	10	10	10	10	10
结余变化	−7	−3	0	1	1	1	0	1	−1	1	2

表 16   2017—2027 年中国奶制品供需平衡表   单位：万吨

类别	年份										
	2017	2018	2019	2020	2021	2022	2023	2024	2025	2026	2027
生产量	3 655	3 630	3 739	3 870	3 947	4 026	4 107	4 189	4 252	4 316	4 380
进口量	1 437	1 617	1 680	1 732	1 807	1 882	1 905	1 918	1 955	1 971	1 986
国内消费量	5 084	5 242	5 414	5 597	5 749	5 903	6 007	6 102	6 202	6 281	6 361
食用消费	4 580	4 746	4 904	5 070	5 213	5 358	5 452	5 544	5 638	5 710	5 786
饲用消费	177	176	181	188	191	195	199	203	206	209	210
损耗	111	110	113	117	120	122	125	119	120	122	124
其他消费	216	210	215	222	225	229	232	235	238	240	240
出口量	8	5	5	5	5	5	5	5	5	5	5

注：奶类进口量为折鲜量

表 17   2017—2027 年中国水产品供需平衡表   单位：万吨

类别	年份										
	2017	2018	2019	2020	2021	2022	2023	2024	2025	2026	2027
生产量	6 938	6 860	6 768	6 639	6 670	6 712	6 764	6 821	6 887	6 951	7 044
进口量	490	515	531	545	550	556	562	557	567	571	578
国内消费量	6 994	6 969	6 890	6 783	6 817	6 854	6 913	6 961	7 041	7 111	7 206
食用消费	2 796	2 815	2 836	2 854	2 885	2 913	2 940	2 974	3 025	3 069	3 136
加工消费	2 696	2 713	2 737	2 748	2 759	2 773	2 814	2 833	2 867	2 895	2 930
损耗及其他	1 502	1 441	1 317	1 181	1 173	1 168	1 159	1 154	1 149	1 147	1 140
出口量	434	406	409	401	403	414	413	417	413	411	416

表 18   2017—2027 年中国工业饲料供需平衡表   单位：万吨

类别	年份										
	2017	2018	2019	2020	2021	2022	2023	2024	2025	2026	2027
生产量	21 031	21 528	22 024	22 539	22 934	23 229	23 552	23 842	24 125	24 413	24 701
配合饲料	18 562	19 135	19 699	20 271	20 722	21 067	21 436	21 768	22 097	22 426	22 748
浓缩饲料	1 762	1 668	1 582	1 505	1 428	1 358	1 291	1 227	1 158	1 094	1036
添加剂预混饲料	707	725	743	763	784	804	825	847	870	893	917
消费量	20 822	21 308	21 798	22 317	22 717	23 013	23 339	23 625	23 912	24 198	24 483
损耗	102	97	99	97	97	94	98	100	95	95	93
净出口量	114	123	127	125	120	122	115	117	118	120	125